# 绿色城市建设理论研究与教学实践

黄　鹭◎著

中国商务出版社
·北京·

**图书在版编目（CIP）数据**

绿色城市建设理论研究与教学实践/黄鹭著.

北京：中国商务出版社，2024.8. -- ISBN 978-7-5103-5326-0

Ⅰ. X21

中国国家版本馆CIP数据核字第2024L7Q726号

# 绿色城市建设理论研究与教学实践
LÜSE CHENGSHI JIANSHE LILUN YANJIU YU JIAOXUE SHIJIAN
黄　鹭　著

出版发行：中国商务出版社有限公司

地　　址：北京市东城区安定门外大街东后巷28号　　邮　　编：100710

网　　址：http://www.cctpress.com

联系电话：010—64515150（发行部）　　010—64212247（总编室）

　　　　　010—64515164（事业部）　　010—64248236（印制部）

责任编辑：薛庆林

排　　版：北京盛世达儒文化传媒有限公司

印　　刷：宝蕾元仁浩（天津）印刷有限公司

开　　本：710毫米×1000毫米　　1/16

印　　张：11.25　　　　　　　　字　　数：185千字

版　　次：2024年8月第1版　　　　印　　次：2024年8月第1次印刷

书　　号：ISBN 978-7-5103-5326-0

定　　价：79.00元

# P 前言
## PREFACE

随着全球环境问题日益严峻，绿色城市建设已成为当今社会、经济和环境发展的重要议题。在快速城市化进程中，城市不仅是经济增长的引擎，也是环境与人类健康的主要影响者。如何通过科学的规划和建设，推动城市实现可持续发展，是当前城市建设亟须解决的核心问题。在这样的背景下，本书力图通过系统的理论研究与实践探索，为绿色城市建设提供理论支持和实践路径。

第一，本书立足于绿色城市建设的理论概述，系统阐释了绿色城市建设的基本定义和原则，明确绿色城市建设的目标和重要性，并对其理论基础进行了深入探讨。绿色城市建设不仅仅是简化的环境保护，更是一个系统工程，需要理论和实践紧密结合，以科学发展观为指导，实现人与自然的和谐共生。

第二，本书深入探讨了绿色城市建设中的关键技术与创新。绿色城市的构建离不开新技术的支持，从低碳建筑、智能交通到可再生能源的利用，每一个环节都需要技术创新来推动。

第三，如何培养能够在绿色城市建设中发挥关键作用的技术创新人才，也是本书关注的一大重点。在技术不断迭代更新的时代，技术创新人才的培养不仅是教育界的责任，也是城市建设可持续发展的必要保障。

第四，政策与法规也是绿色城市建设的重要支撑。本书详细剖析了推动绿色城市建设的政策体系与法规保障，解析了不同层面的政策促进措施，并针对当前政策和法规执行过程中的问题，提出了相应的改进建议。提升公众对绿色城市建设的政策与法规意识，也是绿色城市建设获得广泛支持的重要一环。

第五，在教学实践方面，本书基于绿色发展理念，提出了一系列教学策略研究。从教学目标的设定与达成，到教学内容的选择与组织，再到教学方法和手段的运用与评价反馈机制的建立，系统且全面地探讨了在绿色城市建设教育中的实际应用。本书强调，通过科学系统的教学策略，能够更好地培养出具备理论素养和实践能力的绿色城市建设人才。

第六，绿色城市建设教学资源的开发与利用也是本书的一个重点研究内容。本书列举了低碳智慧建筑、城市污水处理、道路绿化及城市公共卫生等多个具体领域的教学资源开发与应用策略，旨在为读者提供可操作性强的教学资源开发参考。

第七，本书还探讨了多种创新教育方法在绿色城市建设教学中的应用，包括项目驱动式教学、问题导向式教学以及翻转课堂等，评估了其具体应用效果，并提出了相应的教学优化建议。这些创新教育方法不仅能够激发学生的学习兴趣和参与积极性，还能够增强学生的实践能力和创新精神。

第八，在多学科融合与拓展方面，本书提出了绿色城市建设与城市环境科学、城市规划、土木工程、城市经济、社会学及公共卫生等学科的交叉研究，通过多学科的视角，为绿色城市建设教学提供了更广阔的视野和更丰富的知识体系。

第九，本书对绿色城市建设教学实践中的评估与反馈机制进行了详细研究。从学生学习成果评价的方法和指标体系，到教师教学效果评价的方式和标准，再到教学反馈机制的时效性和研究型教学策略的调整，系统地构建了一个科学有效的评估与反馈体系，旨在不断改进和优化绿色城市建设教学实践。

本书既有理论的高度，又具备实践的深度，希望能够为绿色城市建设相关从业者、研究者和教育者提供有价值的参考。同时，由于作者水平有限，书中难免存在不足之处，恳请广大读者批评指正。

作　者

2024年2月

# C目录
## ONTENTS

# 第一章

# 绿色城市建设理论概述

## 第一节 绿色城市建设的定义和原则

### 一、绿色城市的定义

绿色城市是一个面向未来的城市发展理念与规划思路，通过实施全方位的环境保护、资源节约以及可持续发展措施，致力于建立一个和谐、健康且高效的城市生态系统。绿色城市的定义具有多层次、多维度的内涵，既涉及城市的物质空间层面，也包含社会、经济、文化和生态等诸多方面。

绿色城市的概念源自对人类与自然和谐共处的理性思考，它不仅强调生态环境的保护与修复，也关注社会公平、经济效益以及居民生活质量的提升。绿色城市本质上是生态与城市深度融合的产物，它倡导在城市发展过程中始终保持生态环境的承载力、恢复力和可持续性。

从空间的角度来看，绿色城市强调合理的城市规划与布局。在建设过程中采用"紧凑城市"的理念，避免城市无限蔓延、土地资源过度消耗，通过建设高密度、多功能的城市空间来提高土地利用率。同时，构建绿色交通系统，推动公共交通、自行车与步行等低碳出行方式的普及，以减少交通拥堵和交通排放。此外，绿色建筑也是绿色城市的重要组成部分，建设过程中使用节能环保材料与技术，不仅有效降低了建筑能耗，还提升了居民的舒适度与健康水平。

绿色城市强调生态保护与修复，它要求在城市发展中尽可能减少对自然生态系统的破坏，并通过一系列生态修复措施来修复和提升受损的生态环境。城市绿地系统是绿色城市的重要元素，建设城市公园、绿地、湿地等绿化工程，可以增加城市的绿化覆盖率、改善城市的微气候环境、降低城市热岛效应。同时，城市绿地系统也是生物多样性的重要保障，为城市居民提供了更多的休闲、娱乐及亲近自然的机会。

从资源利用的角度来看，绿色城市强调资源的高效循环利用和节约。水资源是城市发展的命脉，绿色城市通过建立完善的雨水收集与再利用系统，减少了对地下水资源的依赖、提升了城市应对水资源危机的能力。固体废弃物处理也是绿色城市资源管理的重要方面，垃圾分类、资源回收利用等措施，可以有效减少垃圾填埋和焚烧对环境的污染，同时变废为宝，实现资源的循环利用。能源管理同样是绿色城市的关键，推进清洁能源的开发与使用，如太阳能、风能、生物质能以及地热能等，可以显著降低对传统化石能源的依赖，减少温室气体排放，推动城市向低碳方向发展。

绿色城市的发展离不开技术创新的支持。现代信息技术，特别是物联网、大数据与人工智能等，为绿色城市的构建提供了有力的技术支撑。智能感知设备的广泛应用，可以实时监测城市的环境质量、能源消耗、资源利用状况等，为城市管理者提供科学决策的数据支持。同时，基于大数据和人工智能的智能管理系统，可以优化城市的交通、能源、水资源等各类资源的调度与分配，提高城市管理的精细化与智能化水平。

绿色城市不仅关注物质空间与资源利用，还关心社会与文化的和谐发展。社会公平是绿色城市的重要原则，通过公共资源的公平分配和基本公共服务的均等化，全体市民都能共享城市发展的成果。绿色城市倡导绿色生活方式与消费模式，通过教育与宣传，引导市民形成环保节约的行为习惯。此外，文化多样性和文化传承也是绿色城市建设的重要内容，一方面要保护和传承城市的历史文化遗产；另一方面要包容和融合不同文化背景的人群，提升市民的文化认同感和归属感。

绿色城市的发展需要政府、企业、市民等多方主体的共同参与与协作。政府部门是规划、政策与监管的主导者，要制定科学合理的城市发展规划和政策法规，推动生态保护和可持续发展理念的落实。企业作为绿色技术与产品的研发者与推广者，要积极探索和应用绿色生产技术，开发和提供绿色产品与服务。同时，企业应履行环境责任，减少生产经营过程中的环境影响。市民则是绿色城市的建设者和受益者，通过自觉践行绿色生活方式，积极参与公共事务，推动城市环境的改善和可持续发展目标的实现。

## 二、绿色城市建设的原则

绿色城市建设的原则着重于通过系统性和综合性的方法，实现城市的可持续发展。在这一进程中，绿色城市不仅强调环境保护和资源合理利用，更涉及社会公平、经济健康发展及技术创新与应用。因此，绿色城市建设的原则涵盖了多个方面，包括但不限于生态保护和修复、资源节约与利用、低碳发展、社会公平、经济兼容发展与创新。

在生态保护和修复方面，绿色城市建设的首要原则是维护和改善城市生态系统的健康。建立和保护城市绿地、公园、湿地等自然基底，减少城市开发对自然环境的侵害，是维持生态平衡的关键。城市规划中应当将自然环境保护作为重要考量，避免过度开发和人为活动对生态系统的破坏。实施城市生态网络建设，通过绿地、水系等连接城市内外的自然景观，增强生物多样性和生态系统的韧性。识别和保护城市中的关键生态敏感区，例如水源保护区、生态廊道、森林公园等，加强污染防治和生态修复工作，以恢复因人类活动而受损的环境。

资源节约与利用的原则强调最大限度地提高资源利用效率，减少对自然资源的消耗。推行循环经济和资源再利用策略，合理配置水资源、能源、土地等基本资源，实现多目标的资源利用效率最大化。城市建设中应提倡建筑垃圾、废旧家具、厨余垃圾等废弃物的再利用，从而减少对环境的压力。推广节能建筑和生态建筑，无论是在设计、选材还是施工过程中都应注重减少能源和材料的消耗。同时，通过智能化的基础设施和管理体系，例如智能电网、智能输水系统等，实现资源的高效分配和使用，提高资源利用的综合效益。

低碳发展是绿色城市建设中不可或缺的一部分，旨在减少温室气体排放并减缓气候变化的影响。推广绿色交通、节能建筑和新能源应用，以降低城市碳排放。绿色交通体系的建立是其中的重要环节，通过发展公共交通、步行和自行车等低碳出行方式，以减少私家车的使用和交通污染。建筑业作为能源消耗大户，应大力推动绿色建筑标准和规范的实施，在建筑生命周期内减少碳排放。能源结构优化也是实现低碳发展的途径之一，城市应加大对清洁能源和可再生能源的利用力度，如太阳能、风能、生物质能等，减少对化石燃料的依赖。

绿色城市建设不仅关注自然环境的可持续性，还强调社会公平和宜居性。它主张社会资源、经济资源和环境资源的公平分配，使得全体市民能够平等享有城市发展的成果；提高城市公共服务水平和基础设施的普及，使得不同社会阶层、区域和群体均能够获得均等的生活品质和发展机会；营造良好的社会环境，通过加强城乡一体化和区域协调发展，缩小城乡差距和区域差异，提高贫困和弱势群体的生活质量；强化社区参与和居民的环境意识，通过公众教育活动和社区项目，增强市民对环境保护和资源节约的认知，提高全民环保意识，促进社会和谐及公共福利的提升。

经济兼容发展与创新是绿色城市建设的重要原则之一。城市的可持续发展必须依赖于健康和创新的经济模式，避免以牺牲环境为代价的经济增长路径。通过培育绿色经济和绿色产业，推动科技创新应用，发展能促进环境保护和资源高效利用的新兴产业。加强绿色金融和绿色投资，引导资金流向绿色产业、环保项目和可持续发展领域。鼓励企业在生产过程中采用绿色技术和管理手段，降低生产成本和环境风险，打造可持续发展的企业生态系统。政府立法和政策扶持是实现绿色经济发展的推动力，制定和完善绿色经济相关法规和政策、营造良好的市场环境和制度体系可以促进绿色经济发展。

创新技术和城市智能化是推进绿色城市建设的重要手段，即利用新技术和大数据提升城市管理水平，实现智能化的城市运营管理。智慧城市的建设旨在通过物联网、云计算、大数据等技术手段，实时监测和调控城市各类资源的使用，提升城市运行效率和居民生活质量。例如，智能交通管理系统可以缓解交通拥堵、降低能源消耗和污染物排放；智能建筑和智慧能源管理系统，通过数据驱动的方式实现能源的高效利用和动态优化，降低能耗，增强建筑的环保性能和舒适度。通过科技创新和智能化手段，城市更智慧、更绿色、更宜居。

# 第二节　绿色城市建设的目标和重要性

## 一、绿色城市建设的短期目标

绿色城市建设的短期目标集中于通过一系列可执行且具现实可操作性的措施，以迅速改善城市环境质量、提升居民生活水平，并为长期可持续发展奠定坚实基础。短期目标的设立既要考虑政策和技术的可行性，又要确保在有限时间内取得显著效果，从而增强公众和政府对绿色城市建设的信心。

首要目标是降低城市空气污染水平。空气污染对城市居民的健康构成重大威胁，多种呼吸系统疾病、心血管疾病都与空气质量恶化密切相关。短期内，城市可以通过限制高污染行业的生产活动、加强对工业排放的监管、推广新能源汽车、优化公共交通、执行严格的尾气排放标准，从而有效降低大气中的污染物浓度。同时，大规模的城市植树造林活动能够吸附空气中的粉尘和有害气体，增加氧气的供给，进一步改善空气质量。

提高城市绿色空间的覆盖率也是短期目标之一。绿色空间包括城市公园、绿地、垂直绿化和屋顶绿化等，它们不仅能美化景观，还能为市民提供休闲娱乐的场所、减轻城市的热岛效应。城市在短期内可以通过规划和政策鼓励开发商在新建项目中增加绿化比例，改造老旧城区的闲置地块和建筑物。同时，通过社区参与的方式，让居民直接参与到绿化工程中，既能提高项目的推广效果，又能提升居民的环保意识。

水资源保护也是短期目标的重点。许多城市的河流、湖泊和地下水源都面临着污染和枯竭的威胁，这不仅影响到居民的日常生活，也给城市的发展带来了隐患。短期措施可以包括强化对工业废水和生活污水的处理，避免未经处理或处理不达标的废水直接排放进入城市水体；加大对城市水体的监测力度，及时发现并解决污染问题；推广雨水收集系统，通过植被恢复和湿地建设等方式提升雨水的自然过滤和净化能力，增加地下水的补给量。

与此相辅相成的是城市固体废弃物的管理和处理。固体废弃物的无序堆放和处理不当同样会对环境造成巨大危害，并且占用大量宝贵的城市土地资源。在短期内，城市可以加大垃圾分类和资源回收的推广力度，建立完善的分类收集和处理系统，使废弃物资源化成为可能。同时，研究和引进先进的废弃物处理技术和设备，提高垃圾焚烧和堆肥的效率，减少垃圾填埋对环境的影响。

能源的可持续利用也是绿色城市建设的重要一环。目标是在短期内提升城市的能源效率，减少能源消耗和碳排放。例如，推动建筑节能改造，鼓励使用高效节能的电器设备，推广绿色建筑标准；加强公共建筑和大型建筑群的能源管理，实施智能电网和能效监控技术；广泛推广太阳能、风能等清洁能源的应用，逐步减少对传统化石能源的依赖。

此外，建设绿色交通体系对于实现短期目标至关重要。交通出行是城市能源消耗和污染排放的重要来源，优化交通结构、提高公共交通的使用率是关键。在短期内，城市可以通过建设和完善地铁、轻轨、快速公交（BRT）系统，提高公共交通工具的便利性和舒适度，吸引更多市民选择公共交通出行；建设更多的自行车道和步行道，倡导绿色出行方式，减少私家车的使用频率。

在推进这些具体措施的过程中，政府政策的支持和引导至关重要。各级政府需要制定明确的环境保护和绿色城市建设相关法规和政策，鼓励企业和居民加入绿色行动的行列，提供税收优惠、财政补贴、技术支持等激励措施。通过科学的规划和有效的管理，各项短期目标得以顺利实现，并为未来的长期目标奠定扎实基础。

公众教育和意识提升同样也是绿色城市建设中不可或缺的一部分。通过宣传教育，提高市民对环境保护和绿色生活方式的认识，引导居民从日常生活中的点滴做起，形成全社会共同参与的绿色行动氛围。例如，可以在各级学校广泛开展环保教育课程；通过社区活动、媒体宣传、环保志愿者等方式多渠道、多角度地传播绿色理念，使每一个市民都成为绿色城市建设的参与者和受益者。

达成上述短期目标，城市将能够在较短时间内显著提升环境质量和居民生活指标，为实现绿色可持续发展目标积累经验和资源。同时，这些目标的实现也将为社会各界带来积极示范，促进更广泛的绿色城市建设行动的开展。

## 二、绿色城市建设的长期目标

绿色城市建设的长期目标是以实现可持续发展为核心；以人与自然和谐共处为基础，实现经济、社会和环境的多重效益。

在经济方面，绿色城市建设的长期目标是构建资源节约型和环境友好型经济发展模式。实现经济的可持续增长，需减少对不可再生资源的依赖，推行能源多样化、提高能源效率和加强资源循环利用是关键措施。这包括大力发展绿色产业，如新能源、节能环保和生物技术等行业，旨在通过科技创新实现经济转型升级。重点城市还应建设绿色产业园区，通过政策引导和税收优惠，推动企业采用清洁生产技术，减少工业污染物的排放。在城市交通领域，推广使用电动汽车、氢燃料汽车和公共交通系统，以降低交通领域的碳排放。为实现这些目标，城市需要建立有效的绿色金融体系，鼓励绿色投资，引入绿色债券等金融工具，推动资本向绿色产业和项目流动。

在社会方面，绿色城市的建设目标是提高居民生活质量，创造健康、宜居的生活环境。首先，需要保障城市空气、水和土壤的质量，这需要政府加强对工业排放、机动车尾气和城市生活垃圾的监管与处理。鼓励居民积极参与垃圾分类和资源回收，提高公众环保意识，这是实现这一目标的基础。其次，绿色城市应注重绿色空间和基础设施建设，以满足居民休闲、娱乐和运动的需求。例如，在城市规划中，应充分考虑绿地、公园和生态廊道的分布，增加城市绿化覆盖率，建设屋顶花园、垂直绿化等新型绿化形式，打造绿色建筑和节能社区。最后，还应注重提升城市防灾减灾能力，建设完善的雨污分流系统、防洪排涝设施和抗震建筑，提高城市应对自然灾害的能力，保障居民生命财产安全。推进智慧城市建设，通过大数据、物联网等技术，实现城市管理的智能化和精细化，提高城市运行效率，同时提升公共服务水平，例如智能交通、智能医疗和智能教育系统，使城市居民享受更加便捷高效的公共服务。

在环境方面，实现绿色城市的建设目标是保护自然生态系统、促进生态环境的良性循环。城市建设应以生态优先的原则，通过科学规划和合理布局，避免盲目扩展导致的生态破坏和资源浪费。在城市土地利用上，一方面，应维护并恢复城市生态系统的完整性，通过生态修复和重建技术，修复被破坏的河流、湿地、森林和草地，重建城市生态平衡；另一方面，绿化建设要注重本土化，选择适应当地气候和土壤条件的植物种类，推广生物多样性，以增强城市生态系统的稳定性和抗逆性。城市水资源管理是绿色城市建设中的重要一环，应推广节水型设施，建设雨水收集与再利用系统，推行污水处理与中水回用技术，减少对天然水资源的过度依赖，同时保护和修复城市水体，从源头上防治水污染。另外，控制城市热岛效应也是实现绿色城市目标的重要内容，这需要通过增加城市绿地和水体面积，推广绿色建筑和节能降温技术，减缓城市气温上升，改善城市气候环境。

实现绿色城市建设的这些长期目标，不仅依赖于单一领域的技术进步和政策推动，更需要构建一个多层次、多领域协同推进的系统工程。这意味着政府、企业、学术界和公众等多方力量需要共同参与、合作互动，形成合力。在政策层面，政府应制定长远的绿色发展战略和具体实施方案，通过法律法规、标准规范和政策激励，引导各类主体积极参与城市绿色化进程。在技术层面，需要重视科技创新，通过技术研发和推广应用，为绿色城市建设提供强有力的技术支撑。在公众层面，需要不断提升社会公众的环保意识，倡导绿色生活方式，提高居民的环保行为参与度和自觉性，营造全民参与的良好氛围。通过多方协同和长期努力，绿色城市的建设目标将逐步实现，为实现全球可持续发展做出积极贡献。

## 三、绿色城市建设对社会的影响

绿色城市建设倡导的是以可持续发展为核心理念，通过优化资源配置，实现人与自然的和谐共生，促进社会经济的绿色转型。这种理念的深入贯彻，能够对整个社会产生深远的积极影响。

首先，绿色城市建设对社会经济发展产生了显著的推动作用。传统的城市发展模式大多依赖高能耗、高污染的产业，这种模式虽然在短期内能够带来经济增长，但长期来看却不可持续使用这种发展模式，这会导致资源枯竭和环境恶化。绿色城市建设则是倡导低碳、环保和高效的经济模式，通过引入清洁能源、推广绿色建筑、推进智能交通等措施，优化城市资源配置。这样的措施不仅能够大大减少城市的碳排放，还能催生出一系列新兴产业，如新能源产业、节能环保产业等，这些新兴产业为社会提供了大量的就业机会，促进了经济的可持续增长。此外，绿色经济的发展还推动了技术创新和产业升级，提升了城市的竞争力和可持续发展能力。

其次，绿色城市建设对社会公共健康也有着重要的影响。在传统城市建设模式中，空气污染、水污染、噪音污染等环境问题严重威胁着居民的健康。打造绿色生态环境，可以大大减少这些环境危害。绿地、公园、湿地等绿色基础设施的增加，不仅改善了城市的空气质量，还提升了居民的生活质量和幸福感。绿色建筑的推广使用了无害环保材料和先进的能效技术，有助于减少室内空气污染，对居民的健康具有积极的作用。同时，绿色交通系统的建设，如步行和自行车道的完善，鼓励了低碳出行方式的普及，减少了交通拥堵和尾气排放，对于提升城市居民的身体健康具有显著的作用。

再次，绿色城市建设还有助于社会公平的实现。传统的城市发展模式往往导致资源分配不均，贫富差距加大，社会矛盾频发。绿色城市建设则强调资源的合理和公平配置，通过绿色基础设施的建设，提升了城市整体的生活质量、缩小了不同人群之间的生活环境差距。尤其是对于低收入人群而言，绿色城市建设带来的公共服务设施，如绿地、公园、公共交通等，为其提供了更多的福利和便利，提升了生活质量和幸福感。同时，绿色经济的发展以及新兴产业的崛起，也为不同阶层的人群提供了更多的就业机会和发展机遇，有助于实现社会的公平与正义。

最后，绿色城市建设对文化的传承和创新也有着积极的促进作用。绿色城市不仅仅是环境和经济层面的建设，还包括对文化资源的保护和传承。在城市规划和建设过程中，通过保护历史文化遗产，融入绿色设计理念，古代文明与现代科技相结合，不仅城市的文化底蕴得以延续，还创造出独特的城市景观和文化氛围。绿色文化的推广，如环保意识的普及、可持续生活方式的倡导，不仅丰富了现代城市文化的内涵，还培育了居民的环保意识和社会责任感、推动了社会文化的进步和发展。

从社会治理角度来看，绿色城市建设促进了政府治理能力的提升。绿色城市建设需要政府制定科学合理的政策和法规，并对其进行有效的实施和监督。这不仅需要政府具备较高的决策水平和治理能力，还需要政府在政策制定和实施过程中广泛听取社会各界的意见、构建多元参与的治理模式。通过推动绿色城市建设，政府治理的公开透明度和科学性得以提升，公众的参与意识和社会责任感也得以增强，为和谐社会的构建奠定了坚实的基础。

在未来城市的发展中，绿色城市建设将继续发挥其重要作用，通过不断优化资源配置，实现环境保护与经济发展的双赢局面，推动社会的全面进步和可持续发展。绿色城市不仅是一种建设模式，更是一种生活理念，它为社会提供了一种全新的发展路径和生活方式，使人们能够在享受现代化生活便利的同时，保护好赖以生存的自然环境，实现人与自然和谐共生。

## 四、绿色城市建设对环境的影响

绿色城市建设通过采用可持续发展理念和环保技术，对环境的正面影响显而易见。绿色城市建设能够有效减少温室气体排放。通过优化城市交通系统、推广公共交通，减少私家车的使用频率及汽车尾气排放。同时，绿色建筑的推广，包括节能减排和高效能源利用技术的应用，使得城市居民和办公楼宇的能源消耗大大降低，从而削减了电力和燃料的使用，减少二氧化碳等温室气体的排放量。这不仅有助于减缓全球变暖，也对提升城市的空气质量具有显著作用。

另外，绿色城市建设在水资源管理方面效果显著。传统城市的建设往往对自然水资源的使用缺乏节制，导致水资源浪费和污染。而绿色城市则强调雨水收集与再利用，减少城市用水负荷。建设绿色屋顶和雨水花园，能够有效地收集和渗透雨水，减轻城市排水系统的压力、减少洪涝灾害的发生概率，同时提升地下水的补充量。生态污水处理设施的应用也能将城市污水经过多级净化处理，达到回用标准，有效减少了对自然水体的污染。

在土地利用方面，绿色城市建设积极推行土地的多功能综合利用。传统的城市发展模式往往会造成土地资源的浪费及城市扩张带来的生态破坏，而绿色城市建设则通过精细化规划和高效土地利用最大限度地提升土地的使用价值和生态效益。设置绿化带、公园、社区花园等，不仅提升了城市的绿化覆盖率，还为城市居民提供了更多的公共休闲空间，改善了人居环境，促进了城市生态系统的平衡。

光污染和噪声污染一直是城市环境问题中的难题。绿色城市建设通过选用低光污染的照明设备、优化照明设计，以及采取城市噪音控制技术，极大地减少了光污染和噪音污染。低光污染的照明设备如LED灯，通过减少光线的扩散和降低亮度，对夜间天空和周围环境的光污染大大减少。这不仅有助于保护夜间动植物的生态环境，也提升了居民的生活质量。

此外，绿色城市的建设在空气质量提升中亦有显著成效。增设大量的城市绿地和树木绿化带，能够有效吸收二氧化碳和其他空气污染物，增加氧气的释放，改善周围空气的洁净度。同时，利用相应的技术手段如使用节能建筑材料和先进的通风设备，有助于室内空气的循环和过滤，进一步提升居住和工作环境的空气质量。

绿色能源的使用是绿色城市建设中不可或缺的一部分。太阳能、风能、地热能等可再生能源的利用不仅减少了对传统化石能源的依赖，也显著降低了二氧化碳和其他污染物的排放。通过充电站的建设和电动交通工具的推广，绿色城市在交通领域同样实现了绿色转型。智能电网技术的应用使得能源的供给和利用更加高效和智能化，减少了能源浪费，提升了整体能源利用效率。

面对气候变化和自然灾害频发的现状，绿色城市建设具备更强的生态韧性和适应能力。例如，通过生态修复工程和城市防灾设施的建设，如海绵城市理念的运用，能够有效吸收并缓慢释放雨水，防止城市内涝；通过利用自然界的自我调节能力与人工工程相结合，绿色城市能在应对极端天气事件和自然灾害的过程中更为从容和有效。

## 五、绿色城市建设对经济的影响

城市作为经济发展的核心区域，其产业结构的调整对整个国民经济有着重要的示范和带动作用。实施绿色城市建设，重污染、高能耗的传统产业将逐步被淘汰或转型升级，而低污染、高附加值的绿色产业将得到大力发展。在这一过程中，绿色技术和产业创新成为重要驱动力，如可再生能源、节能建筑、绿色交通等领域的迅速崛起，不仅为经济增长注入了新的活力，也为劳动者创造了大量新的就业机会。

绿色城市建设通过改善环境质量，有助于提高城市居民的生活质量，从而增强城市的吸引力和竞争力。优美的生态环境和宜居的生活条件有助于吸引高素质人才和高附加值企业入驻。这一良性循环效应带来了经济的持续发展和城市的繁荣。环境的改善也降低了由于空气污染、水污染等环境问题所带来的健康成本和治理成本，间接减轻了公共财政的负担，为其他领域的经济投资提供了更多的财政资源。

绿色城市建设涉及大量基础设施的建设和改造，如地下排水系统、垃圾处理设施、绿地规划等，这些都会直接推动建筑业的发展并带动相关产业链的增长。基础设施的改善不仅为居民提供了更加便利的生活条件，也提升了城市的宜居性和可持续发展能力。积极推进城市基础设施绿色改造的同时，还能够带来乘数效应，刺激多行业的联动发展，为城市经济的增长提供新动力。

绿色城市建设理念在城市发展中的落实，促进了科技创新和产业升级，为绿色经济模式的推广提供了试验田。以创新驱动为导向的绿色城市，推动了智能化、信息化的城市管理和服务模式。智能电网、智慧交通等技术的应用，大幅提高了资源的利用效率和城市运作的效率，降低了运营成本，为城市的可持续发展提供了坚实保障。这些科技创新又可以向其他城市乃至全球推广，拓展出更为广阔的经济收益。

绿色城市建设不仅带动了本地经济发展，还推动了区域和全球的可持续合作。一方面，一些绿色项目的实施，如跨区域的环保工程、绿色能源传输网的建设等，促进了区域间的合作与共赢；另一方面，绿色城市建设理念和成功经验的推广，还可以吸引国际投资和合作机会，提升城市的国际知名度和影响力，为城市的进一步发展开辟新的路径和空间。

节能减排是绿色城市建设的核心内容之一，通过引入先进的节能技术和措施，城市的能源利用效率得以显著提升，这不仅大幅减少了城市的能源消耗，节约了经济成本，同时还降低了温室气体的排放，积极应对了全球气候变化问题。能源成本的降低，相应地提升了经济效益、释放了更多财力，为其他经济项目的实施提供了潜力支持。在全球气候变化加剧的背景下，绿色城市的成功经验，也为国际上一致行动、联合应对气候变化提供了宝贵借鉴。

在绿色城市建设中，环境教育和公众参与也是一项重要内容。开展广泛的环境宣传教育，增强市民的环保意识和参与热情，从而形成良好的社会氛围和公众基础。市民的绿色生活方式和消费行为，不仅推动了经济领域的绿色转型，还直接促进了绿色产品和服务市场的扩大，形成了新兴的市场需求。在此过程中，教育、宣传、咨询等相关服务行业也得到了极大的发展，绿色文化与经济相辅相成。

# 第三节　绿色城市建设的理论基础

## 一、生态文明理论

生态文明理论是绿色城市建设的重要理论基础之一，其核心理念是在生态环境保护的前提下推动社会经济的发展，实现人类社会与自然生态的和谐共生。

这一理论源自对现代工业文明的反思，针对环境污染、资源枯竭、生态失衡等问题，提出了可持续发展的新模式，旨在创新发展方式、转变经济增长模式，倡导绿色低碳的生产生活方式。

生态文明理论强调生态系统的完整性与平衡性，认为自然界是一个有机的整体，各个部分之间是相互依存、相互制约的。人类社会的发展不应超过自然界的承载能力，应对自然资源进行合理开发和有效利用，避免对生态环境造成不可逆的破坏。在绿色城市建设中，这一理念要求城市规划和建设在尊重自然规律的前提下，实行科学的布局与设计，尽量减少对原生态环境的扰动，通过绿地、湿地、公园等多种方式，提升城市的生态功能，实现人与自然的和谐共生。

在经济发展方面，生态文明理论主张通过循环经济的模式来减少资源消耗和环境污染。循环经济是一种以资源的高效利用和循环利用为核心的经济发展模式，它通过生产、消费、废弃物处理的全生命周期管理，减少资源的浪费和减轻环境的压力。在绿色城市建设中，发展循环经济可以通过推广清洁生产技术、减少废弃物产生、促进资源再利用等方式，实现城市经济的高质量发展，减少生态足迹和环境污染。

生态文明理论还特别强调社会公平和代际责任，主张实现当代人和后代人之间的资源共享与生态责任共担。绿色城市建设不仅要解决当前的环境问题，更需要为未来的发展留有余地，确保城市的可持续发展。在此过程中，需要加强环境教育和公众参与，引导市民树立生态文明意识、自觉践行环保行为。只有在公众的广泛参与下，城市的绿色建设才能取得持久和有效的成果。

此外，生态文明理论高度重视生物多样性保护。生物多样性是保持生态系统稳定和生产力发展的基础，也是人类赖以生存的物质基础。在绿色城市建设中，通过采取有效措施来保护和恢复城市的生物多样性，通过构建生态廊道、绿地系统等，增强城市的生态承载力，形成健全的城市生态网络。生物多样性的保护不仅提升了城市的环境质量，也为市民提供了丰富的自然体验，提升了城市的生活品质。

生态文明理论还提出了环境正义的概念，强调要实现环境利益的公平分配，弱势群体和贫困地区也应享有良好的生态环境。在绿色城市建设中，需要关注和解决环境不公问题，通过政策保障、资金投入等手段，改善贫困地区和环境脆弱区的生态环境，提升其居民的生活质量，实现生态文明建设的共享发展。

技术创新是生态文明建设的重要推动力。绿色科技创新在能源、交通、建筑等领域具有广泛的应用前景，通过技术手段提高资源利用效率，减少污染排放，推动城市的绿色转型。在能源方面，应加大对可再生能源的开发利用力度，减少对化石能源的依赖，提高能源利用效率，实现能源系统的绿色转型。在建筑领域，推广绿色建筑技术，通过采取节能材料、智能管理系统等手段，提高建筑的环保性能。在交通领域，发展公共交通系统和绿色出行方式，减少私家车的使用，降低城市交通的碳排放。

生态文明理论还强调文化在绿色城市建设中的作用。生态文化是生态文明的重要组成部分，涵盖了生态伦理、价值观、生活方式等内容。文化引导，可以增强市民的生态意识和环保行动自觉，推动社会生态文明的进程。绿色文化的建设需要政府、企业、教育机构、媒体等多方共同努力，通过政策引导、宣传教育、社区活动等方式，培育和弘扬绿色文化，形成全社会共同参与生态文明建设的良好氛围。

## 二、生态城市理论

生态城市理论是一种基于生态学原理和可持续发展理念的城市规划与管理理论。它旨在通过优化城市的自然资源利用、减少环境污染、提高生活质量，实现人与自然和谐共处的目标。生态城市理论主要包括以下几个方面的内容。

第一，生态城市理论强调生态系统的完整性和生物多样性。生态系统的完整性是指生态系统中各种生物和非生物成分相互作用，形成一个有机整体。保护生态系统的完整性不仅有助于维持生物多样性，还能提高生态系统的稳定性和抗逆性。生物多样性是指生物种类、基因和生态系统的多样性，它是生态系统稳定和可持续发展的基础。在城市规划和建设中，应当充分考虑保护生态系统的完整性和生物多样性，减少对自然生态系统的破坏和干扰，建立生态保护区和绿地系统，为各种动植物提供良好的生存环境。

第二，生态城市理论强调资源的可持续利用。城市的发展离不开资源的支持，包括土地资源、水资源、能源资源等。资源的可持续利用是指在满足当代人需求的同时，不危及后代人满足其需求的能力。在城市规划和建设中，应当充分考虑资源的有限性和生态环境的承载能力，采取科学合理的资源利用方式，提高资源利用效率，减少资源浪费。例如，在土地利用方面，应当合理规划用地布局，防止土地资源的过度开发和浪费；在水资源利用方面，应当加强水资源的保护和管理，采取节水措施，防止水资源的浪费和污染；在能源利用方面，应当加快清洁能源和可再生能源的开发和利用，减少对化石能源的依赖，降低能源消耗和温室气体排放。

第三，生态城市理论强调环境污染的控制和治理。随着城市化进程的加快，环境污染问题日益突出，严重影响了人们的生活质量和健康。生态城市理论认为，应当采取综合措施，加强环境污染的控制和治理，改善城市环境质量。在空气污染控制方面，应当加强工业废气、汽车尾气的治理，采取植树造林、绿化隔离带等措施，改善空气质量；在水污染控制方面，应当加强污水处理设施的建设，采取雨污分流、生态湿地净化等措施，防止城市水体污染；在土壤污染控制方面，应当加强土壤污染源的监管，采取修复技术、土地利用规划等措施，防止土壤污染的扩散和蔓延。

第四，生态城市理论强调生态环境的修复和建设。在城市发展过程中，难免会对自然生态系统造成一定的破坏和干扰。生态城市理论认为，应当采取积极的措施，修复和建设生态环境，恢复生态系统的功能，提高城市的绿地覆盖率及生态承载力。例如，可以通过植树造林、恢复湿地、建设生态廊道等措施，改善城市的生态环境；可以通过旧区改造、工业遗址修复等措施，恢复被破坏的生态系统；可以通过立体绿化、屋顶绿化、垂直绿化等措施，增加城市的绿化面积，改善城市的生态景观。

第五，生态城市理论强调生态文化的建设。生态文化是指人们在长期的生产和生活中，形成的关于人与自然关系的价值观念、行为准则和文化传统。生态文化的建设是实现生态城市的重要内容和保障。通过生态文化的建设，人们可以提高生态意识和环保责任感、促进环保行为的自觉性和主动性。在生态文化的建设中，通过环境教育、生态社区建设、生态旅游等多种途径，可以传播生态文明理念、树立生态文明新风尚。例如，可以在学校、社区等场所开展环境教育活动，提高人们的环境保护意识；可以建设生态社区，倡导低碳生活方式，促进社区居民的绿色生活习惯；可以发展生态旅游，引导人们亲近自然，体验生态之美，增强热爱自然、保护生态的意识。

## 三、可持续发展理论

可持续发展理论作为现代城市建设与发展中的重要思想基础，是指导绿色城市建设的核心理论之一。它强调在满足当代人需求的同时，不损害后代人满足其需求的能力，尤其是在资源利用、环境保护及经济发展等方面，力求实现长期的生态、经济和社会效益。

可持续发展理论的起源可以追溯到20世纪中期，随着工业化进程的加剧，全球范围的生态环境与自然资源逐渐面临严峻考验。1962年，蕾切尔·卡森的《寂静的春天》首次引发了人们对环境保护问题的广泛关注。接着，1972年，联合国召开了人类环境会议，通过了《人类环境宣言》，提出了"为了保护和改善人类环境，造福人民和子孙后代，有必要立即果断地采取行动"的号召。自此，可持续发展的理念在国际社会逐渐深入人心。

《布伦特兰报告》是可持续发展理论的一个里程碑，该报告于1987年由世界环境与发展委员会发布，标题为《我们共同的未来》。报告中首次系统地提出了可持续发展的定义，即"既能满足当代人的需求，又不损害后代人满足其需求的发展"。这一定义不仅强调了资源的可持续利用，还涵盖了社会公平和经济发展三个方面的平衡与协调。

从资源利用的角度看，可持续发展要求减少资源浪费、提高资源利用效率，提倡循环经济与清洁生产，推进资源节约型和环境友好型社会的建设。资源并非无限，再生资源的过度开发和不可再生资源的快速消耗，都会对生态环境造成深远影响。因此，我们需要通过技术创新和制度安排，推动资源的优化配置和高效利用，例如利用可再生能源替代化石燃料，实现水资源的合理调配和循环利用，提高土地利用效率等。

环境保护作为可持续发展的重要组成部分，目标是实现经济增长与环境保护的双赢局面。传统的高污染、高排放的城市发展模式显然不可持续，我们需要推进环境保护政策和措施的实施。例如，发展绿色建筑和绿色基础设施，减少温室气体和污染物的排放，保护自然生态系统和生物多样性。这不仅有助于减缓全球气候变化的影响，还有助于提高城市的生态环境质量和居民生活水平。

经济发展在可持续发展理论中担负着推动社会进步和改善物质生活水平的责任。然而，单纯追求经济增长而忽视环境与社会效益的经济发展模式已然过时。可持续的发展指向长期可持续的经济健康发展，也就是说，经济增长的过程必须是合乎环保与资源承载能力的过程。例如，通过创新和科技进步，实现绿色经济转型，推动清洁能源、信息技术与生物技术等新兴产业的发展，提升经济的质量和效益。

社会公平和包容性发展是可持续发展不可或缺的方面。它强调发展成果的公平分配和社会福利的提升，追求机会均等、减少贫困与消除不平等，实现社会的和谐与稳定。具体措施包括制定合理的公共政策和社会保障制度，确保弱势群体的基本生存权利，推动教育、医疗、住房等公共服务均等化，让每个社会成员都有机会分享发展的果实。

可持续发展理论下的绿色城市建设，需要城市在规划、设计、建设与管理各个环节全面贯彻可持续发展的原则。在城市规划方面，要重视生态保护与修复，合理配置土地资源，注重绿地系统的建设与维护，构建多功能、多层次的绿色空间结构。在城市设计方面，要提高建筑的能源效率与环保性能，推广绿色建筑技术与节能环保材料，重视建筑与自然环境的和谐共生。在城市建设方面，要采用生态工程技术与方法，减少施工对环境的影响，加强城市基础设施与公共服务设施的绿色改造与升级。

城市管理在绿色城市建设中同样具有关键作用。政府作为城市管理的重要主体，应制定和实施与可持续发展相适应的政策法规，建立综合治理的管理体系，提高公众环保意识与参与度。此外，还应加强对城市环境的监测与评估，及时发现和解决环境问题，推动城市环境质量的持续改善。

# 四、生态设计理论

生态设计理论作为绿色城市建设的重要组成部分，其旨在通过科学、系统的方法及理念，使城市在发展过程中能够实现效益最大化、资源消耗以及环境负担最小化。生态设计理论的核心在于实现人与自然的和谐共生，强调通过合理的规划设计和优化资源配置，实现可持续发展的目标。

生态设计理论的一个关键概念是系统思维。系统思维要求设计者在面对城市建设问题时，不应仅仅着眼于单一因素的优化，而应当考虑整个系统的各个部分及其相互关系。例如，在城市用水系统设计中，不能仅仅依靠引入更多水源来解决用水问题，而要从节水措施、雨水利用、污水处理与再利用等多个方面综合考虑，以达到最佳的整体效果。系统思维强调的是整体的和谐与协调，旨在通过多种因素的平衡和优化来达到环境、经济和社会的利益最大化。

另一重要理论基础是生态足迹分析。生态足迹分析是一种评估和量化人类对于自然资源需求的工具，可以通过对土地、水、能源等资源消耗情况的详细分析，明确某一城市或区域的资源使用状况及其对环境的影响。通过生态足迹分析，设计者可以识别出资源消耗高、环境压力大的环节，从而采取针对性的措施，进行合理规划和管理，以降低生态足迹，实现可持续发展。

循证设计在生态设计理论中同样扮演着重要角色。循证设计基于科学研究和数据分析，对大量的设计案例、环境数据和使用者反馈进行深入研究，发现有效的设计原则和方法。比如，在城市绿地设计中，通过对不同植物种类、布局方式的模拟和实验，可以找出最能提高空气质量、减少城市热岛效应的绿植方案，并据此进行科学种植。此外，在建筑设计中，通过对自然通风、采光和隔热效果的研究，可以制定出既能节约能源，又能提高居住舒适度的绿色建筑规范。

生态网络设计是另一项重要理论方法，它通过建立由绿地、水体、生态走廊等组成的生态网络，形成城市内部以及城市与周边自然环境之间的有机联系。这不仅有助于提升城市居民的生活质量，还可以大幅提高城市的生态服务功能。例如，合理分布的城市绿地和湿地系统，不仅能起到美化环境、提供休闲娱乐空间的作用，还能有效进行水体净化、空气质量改善以及生物栖息地的保护。

生命周期分析（LCA）在生态设计理论中也具有重要应用。这一理论方法通过对产品或项目从原料获取、生产制造、使用维护到废弃处理整个生命周期的环境影响进行全面评估，以寻找提升环保效益的方法。在绿色城市建筑中，采用生命周期分析，可以对建筑材料的选择、建筑设备的功能性评估以及废弃物处置等环节进行全面把控，确保在整个生命周期内实现最低的环境负荷和最优的能源利用效率。

可持续性评价体系也是生态设计理论的重要机制，它通过设定科学、公正的评价标准和指标体系，对城市生态项目的实施效果进行评估和监督。例如，国际上广泛应用的LEED认证系统，通过对能源利用、水资源管理、室内环境质量等多个维度的评价，鼓励和引导绿色建筑的实践和发展。

在实际应用中，生态设计理论还强调公众参与。现代城市生态设计不仅需要专业设计师的参与，更需要广泛的公众意见和需求的积极反馈。通过公众参与，可以充分了解居民的实际需求和期望，从而使生态设计更具针对性和可操作性。同时，公众参与过程本身也可以提高居民的环境意识和责任感，形成共同推进绿色城市建设的社会氛围。

生态设计理论还涉及社会和经济效益的平衡。绿色城市建设不仅要符合生态和环境的要求，还应当考虑其在经济上的可行性和社会上的接受度。通过生态设计，可以创造更多的绿色就业机会，提升城市的综合竞争力和吸引力，从而带动经济的可持续发展。

通过这些核心理论和方法的综合应用，生态设计理论为绿色城市建设提供了科学严谨的理论指导和丰富多样的实践工具。这些理论不仅为设计师和规划者提供了系统全面的设计思路，也为政策制定者和管理者提供了科学有力的决策依据。通过不断的理论创新和实践探索，生态设计理论将在绿色城市建设中发挥越来越重要的作用，推动实现人与自然的共生与和谐发展。

# 五、系统科学理论

系统科学理论源自20世纪中期，在多个学科领域得到了广泛应用，包括生态学、城市规划、工程学等,它强调整体系统中各部分之间的关系和相互作用,而不仅仅是分析系统的个别部分。

在绿色城市建设中,系统科学理论强调城市作为一个复杂系统,需要从整体角度进行规划和管理。城市并不是一堆独立要素的简单集合,而是一个由自然环境、人类社会、技术系统等多重因素组成的有机整体。在这个整体中,各个要素相互依存、相互作用,一个要素发生改变可能会引发整个系统的变化。因此,系统科学理论要求我们在绿色城市建设中采取综合性的策略,理解和把握各相关要素之间的关系,从系统整体出发进行科学决策。

系统科学理论强调反馈机制的重要性。在绿色城市建设过程中,城市环境、社会经济活动等都处于动态变化之中,系统中的各个要素通过不同的反馈机制相互影响。例如,绿色基础设施的建设可以改善城市环境质量,进而提高居民健康水平和生活质量,这种积极反馈促进了整个城市系统的良性循环。然而,反过来,城市的不合理开发和资源的过度使用则可能导致环境恶化,形成恶性循环。因此,在绿色城市建设中,合理设计并管理反馈机制是实现系统良性运行的重要保障。

系统科学理论还提出了关于系统层次性和分级管理的理念。城市作为一个复杂系统,其内部存在多个层次和子系统,包括生态环境层次、社会经济层次、基础设施层次等。每一个层次和子系统都有其独特的结构和功能,同时又与其他层次和子系统存在密切联系。在绿色城市建设中,必须重视这些层次化结构,采用分级管理的方式,根据各层次和子系统的特性和需求进行有针对性的规划及管理,确保系统整体的协调发展。

此外,系统科学理论对系统动力学的研究对于理解和解决绿色城市建设中的问题具有重要意义。系统动力学强调系统中各因素的动态变化过程及其相互作用,通过建立数学模型和仿真分析,可以揭示系统的运行规律和发展趋势。例如,通过系统动力学模型,可以模拟城市内绿地、建筑物、人口、能源消耗等因素的相互作用,预测未来一定时期内城市环境质量和资源消耗的变化趋势,为科学规划提供依据。

在系统科学理论的指导下,绿色城市建设不仅要关注环境保护和资源节约,还要统筹考虑经济、社会和文化的协调发展，实现可持续发展的目标。例如，在城市规划中，需要综合考虑土地利用、交通运输、能源供应、废弃物处理等多个方面的问题，制定出兼顾经济效益、社会效益和环境效益的综合规划方案。同时，要充分调动社会各方的积极性，建立公众参与机制，使广大市民共同参与到绿色城市建设中来，形成政府、企业、市民共同推进的良好局面。

系统科学理论还强调应对不确定性和复杂性的能力。在快速变化的全球环境和社会经济形势下，城市面临的挑战和机遇日益多样和复杂。利用系统科学理论，可以帮助决策者更好地理解这些不确定性因素，制定灵活可调的策略和计划。例如，针对气候变化带来的不确定性，绿色城市建设需要采取适应性的措施，如加强基础设施的韧性设计、改进城市排水系统、增加城市绿地等，以应对可能出现的极端天气事件。

绿色城市建设还需要利用系统科学理论促进跨学科合作。系统科学理论本身就是一个跨学科的领域，它可以促使生态学、工程学、社会学、经济学等不同学科之间开展合作，综合运用各学科的理论和方法，解决实际问题。在绿色城市建设中，跨学科合作有助于制订更加全面、科学和可行的解决方案，提高项目的实施效果和可持续性。

# 第二章

# 绿色城市建设中的技术与创新

## 第一节　绿色城市建设中的关键技术

### 一、可再生能源应用

可再生能源包括太阳能、风能、水能、生物质能和地热能等多种形式，这些能源具有资源丰富、可再生、清洁无污染等优点，与传统的化石燃料相比，可再生能源显著减少了对环境的破坏及温室气体的排放。

太阳能作为最重要的可再生能源之一，在城市建设中具有广泛的应用。太阳能的应用主要包括光伏发电和太阳能热利用这两大类。光伏发电利用太阳能电池板将太阳光直接转化为电能，可与建筑物的屋顶、墙面等结构相结合，称为光伏建筑一体化（BIPV），这种设计既能发电，又不占用额外空间。在分布式能源系统中，光伏发电可实现发电就地消纳，缓解城市电网的压力。太阳能热利用则主要体现在太阳能热水器、太阳能采暖和制冷等方面，集热器将太阳能转化为热能，用于居民生活和商业建筑中的各种热水和供暖需求。

风能作为另一种重要的可再生能源，在城市建设中的应用逐渐增多。风力发电一般依赖大型风力发电机组，这些机组多分布在风力资源丰富的郊区或海上。然而，近年来小型风力发电系统也开始在城市中推广应用，例如在高层建筑或桥梁结构上安装微型风力涡轮机，这些设备可以利用城市中的气流变化进行发电，为城市照明系统、道路信号灯等提供电力。风能的间歇性和不稳定性往往需要通过与太阳能等其他可再生能源组合使用，以形成互补性能源结构，提高能源利用的稳定性和可靠性。

水能和生物质能在城市环境中的利用也具有潜力。小型水利发电站可在城市河流或水道中建设，不但能发电，还能起到调节水资源和改善水环境的作用。生物质能则通过将城市生活垃圾、餐厨垃圾和园林垃圾等转化为能源，实现了资源再利用和对城市废弃物的处理。例如，利用厌氧消化技术将有机垃圾转化为沼气，为城市的供热系统或交通运输提供能源。生物质能的应用不仅可以减少垃圾填埋和焚烧带来的环境污染，还能循环利用有机物质，减少对化石燃料的依赖。

地热能作为一种稳定且持续的可再生能源，在城市供暖制冷系统中的应用越来越受到重视。地热能利用地球内部热量，通过热泵技术实现建筑物冬季供暖和夏季制冷，这种系统一般称为地源热泵系统。地源热泵系统具有高效、节能、环保的特点，且受外界天气条件影响较小，适合在各种气候条件下使用。在城市中推广地源热泵，不仅可以大幅减少对传统供暖制冷能源的需求，还可以减少温室气体排放。

进一步来说，可再生能源的应用不仅限于单一能源的利用，更多的是多种能源的综合应用和智能管理。智能电网技术的发展使城市中的可再生能源可以更有效地整合和分配。例如，通过智能电网，太阳能、风能、水能及生物质能等可再生能源可以与常规能源综合利用，实现能源供需的动态平衡。这种智能能源管理方式，不仅提高了能源利用效率，还增强了城市能源系统的韧性和灵活性。

在城市交通领域，可再生能源的应用也越来越明显。电动汽车和氢燃料电池汽车是绿色交通工具的发展方向，利用可再生能源发电来为电动车充电或生产氢气，使交通能源体系向清洁、可持续方向转变。城市充电桩和加氢站网络的建设，也在促进可再生能源在交通领域的普及。

此外，可再生能源的应用带来了诸多社会经济效益。通过利用本地可再生资源，城市可以减少对进口能源的依赖，提高能源安全性。再者，发展可再生能源产业可以为城市创造大量就业机会，从设备制造、安装到运行维护，涉及多个行业和技术领域。不仅如此，通过绿色能源项目和设施的建设，还能提升城市的形象和吸引力，促进绿色经济和低碳社会的发展。

可再生能源的应用是绿色城市建设中的关键技术，它不仅关乎环境保护和资源可持续利用，还涉及城市能源系统的优化和能源结构的调整。在城市规划和设计中，科学合理地整合可再生能源技术，有助于建立高效、清洁、低碳的能源利用体系，实现经济效益、环境效益和社会效益的统一。这需要政府政策支持、技术创新和公众参与的共同努力，才能真正推动绿色城市的实现。

## 二、智能建筑技术

智能建筑技术在绿色城市建设中发挥着关键作用，其目的是通过智能化手段提升建筑性能和能源效率，从而实现节能减排、资源高效利用和提高用户的舒适度。智能建筑技术涵盖的方面广泛，包括建筑自动化系统、智能能源管理系统、智能安防系统、智能照明系统、智能供暖通风与空调(HVAC)系统以及智能建筑材料等。全面理解和应用这些技术有助于推动绿色城市的可持续发展。

建筑自动化系统的核心是将建筑内的各个子系统集成起来，通过中央控制系统实现对各个部分的统一管理，这不仅提高了建筑的运行效率，还能有效节约能源。通过传感器和物联网技术，建筑自动化系统能够实时监测和调控温度、湿度、照明、安防等多种环境参数。比如，当房间无人时，自动调节灯光和空调的功率；当检测到异常情况时，自动启动安防措施，从而实现智能化管理和运行。

智能能源管理系统在智能建筑技术中尤为重要，因为能源管理直接关系到建筑的能源消耗和环境影响。该系统通过实时监控建筑物的能源使用情况，识别出各环节的能耗情况，并通过大数据分析和人工智能技术，提供优化方案。智能能源管理系统可以协调可再生能源与传统能源的使用，通过智能电网技术与建筑物的能源设备进行互动，确保能源利用的高效性和可持续性。例如，通过节能控制策略，将不同时段的用电高峰与低谷进行合理分配，减少电力浪费。

智能安防系统也是智能建筑中的关键组成部分，利用现代通信技术、信息技术、传感技术和控制技术，提供全面的安防服务。它不仅包含传统的硬件设备，如摄像头、报警器，还包括先进的软件系统，通过视频分析、人脸识别、行为模式识别等手段，提升建筑的安全性能。这个系统不仅能在发生危急情况时提供报警和响应，还能通过大数据分析，提前预测和预防安全风险，确保建筑环境的安全可靠。

智能照明系统采用先进的LED灯具和智能控制技术，可以有效地实现照明的高效管理。系统能够根据环境光线、时间、人员活动等因素，智能调节照明强度和时间，从而在保证照明质量的同时，降低电能消耗。智能照明系统还可以和其他系统联动，例如在无人环境下，与智能安防系统配合，进入节能模式，进一步减少不必要的能源消耗。

HVAC系统是建筑内能源消耗的大头，也是提高建筑能源效率的重要领域。智能化技术，可以实现设备的自动化控制和系统级优化，使供暖、制冷和通风的运行更加高效。HVAC系统通过实时监测环境参数和用户需求，可以进行动态调节。例如，在白天和夜晚两个不同温度需求的时间段，系统能够自动调整运行策略，以实现最小的能耗提供最合适的温度和空气质量。此外，引入预测性维护技术，可以实现对设备的预防性维护，从根本上降低设备故障和维护成本。

智能建筑材料的应用也是智能建筑技术的重要组成部分。近年来，随着科技的进步，智能材料迅速发展，并在建筑中得到广泛应用。例如，智能玻璃可以根据光线和温度的变化，自动调节透光率和热传导性，使室内环境更加舒适和节能。智能隔热材料能够有效减少热量的损失，提高保温性能。此外，还有智能传感砖、温度自适应涂料、可调节结构等多种智能材料应用，为建筑环境的智能化提供了丰富的可能性。

智能建筑技术的全面应用，不仅能大幅提高建筑使用的能源效率和管理水平，还能提升用户的使用体验和建筑的综合性能。在绿色城市建设的背景下，智能建筑技术不断创新和发展，推动着建筑设计、施工、管理和运行的全流程向高效、绿色、智能化方向转变。这不但有助于减少碳排放和资源浪费，对生态环境保护和可持续发展也具有重要意义。

# 三、绿色交通系统

绿色交通系统的核心理念在于通过创新技术和系统优化，最大限度地减少交通运输过程中的资源消耗和环境污染，实现城市交通的绿色、可持续发展。绿色交通系统不仅是解决城市交通拥堵和环境污染问题的重要手段，也是推动绿色经济和社会可持续发展的重要驱动力。探讨绿色交通系统的构建，可以从以下几个方面展开。

第一，公共交通系统的优化和推广。公共交通系统是构建绿色交通系统的重要基础，通过有效的规划和管理，可以大幅提高公共交通的运行效率，减少私家车的使用频率，从而降低交通碳排放和油耗。城市轨道交通、公共汽车、共享自行车等多种公共交通方式的有机结合，能够为市民提供高效、便捷的出行选择。在建设和使用过程中，应重视节能环保技术的应用，例如使用新能源公交车和地铁车辆、优化交通线路和站点布局，以提高载客率和运营效率。

第二，非机动车道和步行系统的建设。走路和自行车等非机动车出行方式既环保又健康，是绿色交通系统的重要组成部分。通过规划和建设安全、便捷的步行和自行车道，鼓励市民选择步行或骑行的出行方式出行，可以有效减轻城市交通压力，减少环境污染。同时，在城市规划中应充分考虑步行和骑行的便利性，例如增加人行道宽度、设置专用自行车道、建立自行车共享系统等，以提升市民选择绿色出行方式的意愿和实际操作的可行性。

第三，智能交通系统（ITS）的应用是现代绿色交通系统的重要技术支撑。通过智能交通系统，可以实现交通信息的实时采集与传输，对交通流量、交通状况等进行精确监测和分析，从而优化交通信号控制和交通管理。智能交通系统不仅可以提高道路通行效率，缩短车辆怠速和拥堵时间，还可以通过智能导航和交通诱导系统，引导车辆选择最佳路径，减少行驶里程和油耗。另外，智能停车管理系统也是绿色交通系统中的一个重要组成部分，可以通过智能化的停车信息采集和发布，优化停车资源配置，缩短车辆寻找停车位的时间，减少燃料消耗。

第四，新能源汽车的发展和推广是绿色交通系统中的一项核心技术。相比传统燃油汽车，电动车、氢燃料电池车等新能源汽车在使用过程中几乎不存在尾气排放，这使其具有显著的环保优势。同时，随着电池技术、氢能技术的不断进步，新能源汽车的续航里程和充电效率也在逐步提升。政府在推广新能源汽车方面应采取多种措施，包括政策扶持、补贴激励、充电设施建设等，以推动新能源汽车的普及。此外，智能电网与新能源汽车的结合也被认为是未来的发展方向，通过智能电网技术，可以实现电动汽车充电秩序与电力系统的协同优化，进一步提高能源使用效率和新能源利用率。

第五，共享交通模式的创新和普及也是绿色交通系统建设中的重要方向之一。共享单车、共享汽车、网约车等共享交通模式，通过资源的高效利用和信息技术的支持，为市民提供了灵活多样的出行选择，减少了私家车的拥有率和使用频次。共享交通模式不仅可以缓解城市交通拥堵、提高交通运输效率，还有助于减少能源消耗和碳排放，具有明显的环保效益。为了进一步推广共享交通模式，应在政策、法规、技术支持等方面提供全面的引导和保障。

第六，交通基础设施建设中的绿色理念和技术也是不可忽视的。交通基础设施建设过程中，应注重采用环保材料、节能设备和施工工艺，减少建设过程中的资源消耗和环境污染。同时，交通基础设施的设计应充分考虑生态环境的保护和绿色景观的营造，例如建设绿化隔离带、噪声屏障、生态廊道等，以提高交通基础设施的生态环境效益。此外，利用太阳能、风能等可再生能源为交通基础设施提供能源支持，也是实现绿色交通的重要途径之一。

第七，交通行为管理和公众参与也是绿色交通系统建设中不可或缺的环节。交通法规的制定和执法，可以规范市民的交通行为，促使其遵守交通规则，减少交通事故和不文明交通行为。同时，通过宣传教育和激励机制，可以引导市民树立绿色出行的理念，积极参与绿色交通行动。公众的广泛参与和支持，是实现绿色交通系统建设目标的重要保障。

只有通过科学规划、技术创新和多方协作，才能最终实现城市交通的绿色、低碳和可持续发展目标。这不仅有助于改善城市环境质量、提升居民生活品质，还有助于推动城市的可持续发展和现代化进程。

# 四、生态景观设计

生态景观设计的目的在于通过科学合理的景观规划与设计，融合自然元素，使城市环境更加和谐、健康、美观。从而提升居民生活质量的同时，也促进了城市的生态平衡和可持续发展。

生态景观设计强调多层次、多样性和生态功能的综合协调。首先，在设计理念上，生态景观不仅关注美学价值，还注重生态功能，如水源涵养、空气净化、生物多样性保护等。通过优化植物配置，形成多层次的植物群落结构，提升景观的自我调节能力。树木、灌木、草本植物合理搭配，既为人们提供了不同的观赏效果，也为城市提供了生态系统服务。水体设计是生态景观中的另一项重要技术。人工开挖或改造的水体，通过生物滞留池、湿地和流域管理技术，可以提高城市对洪水的调蓄能力、改善水质、增加生物多样性。在景观设计中引入水生态系统，不仅能美化环境，还具有重要的生态功能。

生态景观设计还特别关注对原有自然环境的保护与利用。充分利用现有的自然条件，如地形地貌、水系、植被，尽量减少人为硬质铺装和改造对自然环境的破坏，通过生态恢复、复合绿地等手段，将被破坏的生态系统重新调适到一种平衡状态。在设计过程中，利用原生植物能够有效减少水土流失、提升土壤肥力、促进生态平衡。而合理的硬质景观设计，如透水铺装、生态廊道，也有助于增加城市绿地的生态功能。地方性传统建筑材料和工艺则可以在景观设计中得以保留和应用，不仅有助于传承地方文化，还利于增强景观的地域特色和亲和力。

生态景观设计讲求因地制宜，结合区域气候、地质和生态条件，选择适宜的植物和建材，同时考虑景观的功能性和实用性，打造适合休闲游憩、社交活动的多功能环境。这不仅有助于提升居民的生活品质，还有助于增加社区的凝聚力和归属感。评估与监测是生态景观设计的重要环节，通过科学监测植物的生长状况、水质情况、土壤条件等，能够及时发现和解决问题，确保生态景观的良性发展。此类监测工作不仅应在设计实施过程中进行，还应当在后续的维护管理过程中持续进行。

社会参与是生态景观设计成功的关键因素之一。居民、社区组织和社会团体的广泛参与能够有效提升设计方案的接受度和执行力。在设计前期，通过公众参与、征求意见和需求调研，了解社区居民的实际需求和期望，在设计方案中充分体现和回应这些需求，能够增加居民对景观设计的认同感和参与度。与此同时，教育普及和宣传工作也十分重要，通过普及生态环境保护知识，提高社会公众的环保意识和生态修复理念，帮助公众理解并支持生态景观设计和建设。

生态景观设计不仅是技术层面的挑战，更是一种融艺术、人文和科学于一体的综合性工作。在实现美学价值的同时，注重景观的生态功能和社会效益。通过科学合理的设计和管理，生态景观能够有效提升城市生态系统的健康水平，促进社会的可持续发展。未来，随着绿色城市建设理念的不断深入，生态景观设计将扮演越来越重要的角色，成为构建和谐宜居城市的重要力量。科学技术的进步和社会认识的提升将为生态景观设计注入新的活力，也带来更多的可能性和机遇。

在实施过程中，考虑到不同地域、文化和环境的差异，因地制宜提出相应的设计策略是保持生态景观可持续性和适应性的关键。建设完善的废水处理系统、雨水收集利用系统，有机结合景观中的水体设计，打造出人与自然和谐共生的生态景观，能够极大地改善城市微气候和生态环境。

在材料选择上，提倡使用可再生材料和低碳材料，减少对资源的消耗和环境的影响。结合本地材料和传统工艺，既能保持生态景观的独特性和文化内涵，又有助于降低施工成本，提高经济性。在设计实施过程中，采用低影响开发技术和绿色建筑标准，推动生态景观的高效、绿色发展。

生态景观设计不仅应考虑现有的情况，还应具有前瞻性和适应性，以应对气候变化和社会发展带来的新挑战。建设灵活、多样、高效的生态系统，增强对气候变化和极端天气的适应能力，提升城市的生态韧性。

在生态景观维护管理方面，倡导生态的、可持续的管理方式，减少化学药剂和人工修剪的使用，增强景观的自我维持能力。通过公众参与和社区管理，建立起共建共享的生态管理模式，实现生态景观长期稳定的发展和利用。

# 五、雨水管理技术

雨水管理技术的核心在于通过科学、合理的手段有效地管理和利用雨水资源，以实现城市生态系统的可持续发展。雨水管理技术的主要目标是减少城市径流，降低城市内涝风险，提升水资源的利用效率，改善水环境，促进城市生态平衡。

雨水管理技术包括雨水收集、雨水渗透、雨水滞留和雨水处理等多方面的内容。雨水收集技术能够有效地将屋面、道路、广场等城市表面上的雨水汇集起来，供后续使用或处理。这一过程不仅能够减轻暴雨时城市排水系统的负荷，还能缓解城市水资源短缺问题。雨水渗透技术则通过各种措施促进雨水下渗到地下补充地下水，这对于维持水循环、减少地面径流和防止地面沉降具有重要作用。

具体到实际应用，雨水收集技术可采用屋顶雨水收集系统、地面雨水收集系统和道路雨水收集系统等形式。屋顶雨水收集系统通过在建筑屋顶设置收集装置，将雨水引入储水罐中，用于景观灌溉或冲厕等非饮用用途；地面雨水收集系统则通过在城市广场、绿地等平坦区域设置集水设施，将雨水汇集起来再加以利用；道路雨水收集系统通常在路旁设置排水沟或渗透管，通过重力或抽水设备将雨水导入储水装置中。

雨水渗透技术也是雨水管理中的重要内容。通过渗透铺装、渗透管网和雨水花园等方式，促进雨水在城市中的自然下渗。渗透铺装是指采用渗透性材料铺设道路、人行道等，使雨水能够有效通过地表渗透到地下。这种材料通常包括透水混凝土、渗透沥青和透水砖等。渗透管网系统是指设置在城市地下的渗透管道，通过管道网络将雨水引导到特定的渗透区，使其能够更好地补充地下水。雨水花园是一种具有良好水分调节功能的生态景观，通过植物根系和土壤的共同作用，促进雨水渗透和蒸发。

雨水滞留技术主要通过构建蓄水池、湿地系统和绿地等设施，延缓雨水径流速度，减轻排水系统的压力，防止城市内涝。蓄水池又可分为地上、水下和地下蓄水池，分别设置在建筑物顶部、地表或地下，按需收集并储存雨水。湿地系统是模仿自然湿地的生态功能，通过植物、土壤和微生物的协同作用，有效滞留和净化雨水。绿地则通过增加渗透面积，延缓雨水径流时间，减轻暴雨对排水系统的冲击。

雨水处理技术实际上是对收集到的雨水进一步净化的过程，其中包括物理、化学和生物等多种处理手段。物理处理方法主要采用沉淀、过滤等方式去除雨水中的悬浮颗粒和杂质。化学处理方法是通过投加絮凝剂、消毒剂等，对雨水中的有害物质进行降解、沉降和杀菌。生物处理技术则利用生物滤池、植物滤池等，通过微生物和植物吸收、分解有机污染物，从而提升雨水质量。

不仅如此，雨水管理技术的应用还要考虑城市规划和景观设计的有机结合。良好的城市规划能够合理布局雨水收集系统和渗透设施，最大限度地利用城市空间，提高雨水管理的效果。在景观设计中，应重视生态绿地、绿色屋顶和雨水花园的建设，既能美化城市环境，又能提高雨水利用率。

智慧雨水管理技术是雨水管理的前沿方向，借助物联网、大数据分析和智能控制系统等高科技手段，实现对雨水管理全过程的实时监控和动态调整。通过安装在各地的传感器收集雨量、水位、流速等数据，利用大数据分析预测降雨和洪涝风险，再通过智能控制系统调节蓄水池、排水管道和湿地系统的运行状态，从而实现精细化、智能化管理。

可持续发展理念下的雨水管理技术，不仅强调技术手段的先进性，更加注重生态环境保护和资源循环利用。为提高雨水管理技术的应用效果，需加强城市居民的环境意识和提高其社会参与度，通过宣传教育、政策引导、社区活动等方式，让更多人了解和支持雨水管理技术的推广与应用。

# 第二节　技术创新在绿色城市建设中的应用

## 一、新材料在绿色建筑中的应用

随着城市化进程的不断推进，建筑材料的选择和使用直接关系到城市的环境保护和资源利用效率。在绿色建筑中采用新材料不仅可以降低能耗、减少污染、延长建筑的使用寿命和提升舒适性，还能达成可持续发展的目标。

在功能性方面，新材料通常具有优越的物理和化学特性。例如，纳米材料由于其独特的力学和热学性能，已经在隔热和保温领域得到了广泛的应用。纳米隔热材料的导热系数极低，能够有效减少室内外热量的交换，从而降低建筑物的能源消耗。此外，相变材料作为一种新型功能材料，具有在特定温度范围内吸收或释放大量热量的能力，这在温度调节和节能方面展现了巨大的潜力。这些材料在建筑中的应用，不仅提高了建筑的节能效果，还增强了建筑的舒适度和安全性。

环保性是绿色建筑材料的另一个重要考量因素。传统建筑材料往往在生产过程中产生大量的二氧化碳和其他污染物，而新兴的环保材料则显著减轻了这一过程的环境负担。例如，生物基材料通过利用植物纤维和其他天然成分进行生产，不仅降低了化石燃料的使用，还通过降解过程中释放的碳吸收达到了碳中和的效果。同时，回收利用在建筑材料领域也变得愈加重要。利用工业废弃物，如粉煤灰、废旧玻璃和废塑料制备的新型建筑材料，不仅减轻了废弃物对环境的压力，还推动了循环经济的发展。

可再生性是新材料的一个重要特征，通过使用可再生资源制备的建筑材料，不仅提高了资源的利用效率，还在很大程度上减少了对不可再生资源的依赖。例如，木质材料由于其可再生性和较低的环境负荷，被认为是绿色建筑的理想选择之一。现代工程技术的发展，使木质材料在强度和耐久性方面取得了突破性进展，不再局限于传统的建筑应用。再如，竹子作为一种生长迅速的植物，其在建筑中的应用前景广阔。通过现代工艺，竹材可以加工成各种结构件和装饰材料，具有高强度、低成本和良好的生态效益。

在经济性方面，尽管许多新材料的初始成本较高，但其长远的经济效益不容忽视。高效能耗材料的应用虽需要较大的初始成本，但通过节省能源费用，其经济效益在建筑的生命周期内逐渐显现。例如，高性能的隔热和密封材料虽然价格昂贵，但能够显著减少建筑的冷暖调控费用。再比如，利用先进技术制造的光电材料，不仅能将太阳能转化为电能，还能大大降低建筑的能耗，这在能源价格高昂的今天显得尤为重要。更重要的是，新材料的使用往往伴随着建筑物维护和修缮费用的减少，这不仅增强了建筑物的耐久性，还提升了其综合经济效益，使绿色建筑成为长期投资回报的优选。

新材料在绿色建筑中的应用还涉及健康和安全等多方面因素。例如，随着人们对室内环境质量要求的提高，低挥发性有机化合物（Low-VOC）材料在建筑中的应用越来越受到重视。这些材料在使用过程中散发的有害物质极少，有助于提升室内空气质量，保护居民的健康。此外，高强度、低密度的新型复合材料在抗震和结构安全方面具有独特的优势，这些材料不仅提高了建筑的抗灾能力，还降低了在自然灾害中造成的损失。

## 二、智慧城市与智能管理系统

智慧城市与智能管理系统旨在通过先进的信息技术与通信技术，实现城市管理的智能化、信息化和高效化，从而提升城市生活质量，减少资源浪费，促进可持续发展。智慧城市的核心理念是以人为本，通过全方位的智能管理来解决城市发展中的各种问题。智能管理系统作为智慧城市的重要手段，通过数据的实时采集、分析和应用，优化资源配置、提高公共服务水平、提升城市管理效率，同时降低运营成本和环境负荷。

在智慧城市建设中，物联网、大数据、人工智能等技术发挥了关键作用。物联网是智慧城市建设的基础技术之一，通过各种传感器、智能设备和网络技术，将城市中的各类物理对象互相连接起来，实现数据的实时采集和传输。比如，智慧交通系统中，路面、交通灯、公交车等都可以安装传感器，实时采集交通流量、车速等信息，通过物联网将数据上传至管理中心进行分析，从而优化交通信号、疏导交通拥堵。

大数据技术在智慧城市建设中扮演着数据处理和分析的重要角色。城市中产生的数据量巨大而复杂，通过大数据技术对这些数据进行存储、处理和分析，可以挖掘出有价值的信息，为城市管理决策提供依据。例如，通过对城市环境数据的分析，可以实时监测空气质量、水质等环境指标，及时预警和处理环境污染问题；通过对公共服务数据的分析，如医疗、教育、社保等方面的信息，可以优化公共资源配置，提升服务质量和效率。

人工智能技术在智慧城市中的应用日益广泛。人工智能可以处理大量复杂的数据，进行智能预测和决策，支持城市管理的各个方面。例如，在智慧安防中，人工智能技术可以通过视频监控系统，结合人脸识别、行为分析等算法，实时监测和识别异常行为，提高城市安全水平；在智慧医疗中，人工智能可以辅助医生进行疾病诊断，优化医疗资源配置，提升医疗服务效率和水平。

智慧城市建设还涉及智慧能源管理系统，通过智能电网、能源管理系统等技术，实现能源的高效利用和智能调度。智能电网是一种将先进的传感、测量、信息与通信技术和电力系统深度融合的现代化电网，它能够实现电力系统的实时监测、自动控制和高效运行。例如，通过智能电表实时采集用户用电数据，结合大数据分析和人工智能算法，可以实现对电力需求的精准预测和优化调度，降低电力损耗和运营成本；通过分布式能源系统和能源互联网的建设，可以充分利用太阳能、风能、地热能等清洁能源，实现能源的多元化和低碳化。

智能建筑和绿色建筑是智慧城市的重要组成部分，它们通过智能控制系统实现能源消耗的最优化，提升建筑的使用效率和舒适度。智能建筑通过集成各种自动化系统，如照明控制系统、空调控制系统、安防监控系统等，实现对建筑环境的全面监测和智能调节。例如，智能照明系统，根据外界光照强度、人员活动情况等动态调整室内照明亮度，减少能源消耗；智能空调系统，根据室内温度、湿度、空气质量等参数，自动调节空调运行方式，提升室内环境质量和舒适度。此外，绿色建筑还注重采用环保材料、节能设备和可再生能源，实现资源的高效利用和对环境影响的最小化。

智慧城市建设中的智能管理系统还涉及智慧交通和智慧物流，通过智能交通管理系统、智慧物流平台等技术手段，提升交通和物流的运行效率和服务水平。例如，通过智能交通管理系统，实时监测和分析交通流量、车辆位置等数据，优化交通信号控制、道路规划和公共交通调度，缓解交通拥堵、降低交通事故率；通过智慧物流平台，集成物流资源、优化物流路径、实时跟踪物流状态，提高物流效率和服务质量。

在智慧城市建设中，智慧社区也是不可忽视的一环。智慧社区通过智能家居、社区管理平台等技术手段，实现社区生活的智能化和便捷化。例如，通过智能家居系统，居民可以远程控制家中的照明、空调、门锁等设备，提升生活的便利性和安全性；通过社区管理平台，居民可以在线办理各种社区服务，如物业缴费、维修报修、社区活动报名等，提升社区管理效率和服务质量。

智慧城市的建设离不开完善的信息安全和隐私保护措施。随着智慧城市中各种智能设备和系统的广泛应用，信息安全面临的挑战也日益增多。例如，传感器和智能设备的广泛应用，使得数据的采集、传输和存储都存在一定的安全风险；大数据和人工智能技术的应用，使得数据隐私保护面临新的挑战。因此，在智慧城市建设中，需加强信息安全基础设施建设，完善信息安全管理体系，采用先进的加密技术和访问控制机制，保障数据的安全与隐私。

智慧城市建设是一项复杂的系统工程，需要政府、企业、科研机构和市民的共同参与和合作。政府应当制定相关政策和法规，推动智慧城市的标准化和规范化建设；企业应积极参与智慧城市的技术研发和应用推广，为智慧城市建设提供创新解决方案和技术支持；科研机构应加强智慧城市相关技术的研究和开发，为智慧城市建设提供技术保障和智力支持；市民应增强智慧城市相关知识和技能，积极参与智慧城市的建设和管理，提升智慧城市的应用水平和实际效果。

# 三、节能技术的创新与发展

节能技术的创新与发展不仅能够显著减少城市能源消耗、降低温室气体排放，还能提升城市的可持续性与居民的生活品质。

现有节能技术的优化是推动绿色城市建设的重要前提。传统节能技术，如建筑保温材料、节能灯具和高效供热系统等需要在实践中不断优化，以适应日益严格的节能标准与多样化的应用需求。例如，建筑保温材料在优化过程中，不仅需要考虑材料的保温性能，还需要关注其耐火性、环保性以及成本效益。新材料的引入，如气凝胶、真空绝热板等，显著提升了建筑的保温性能，同时也减少了材料的使用量，从而降低了成本与对环境的影响。节能灯具的创新不再仅仅集中在提高光效方面，还涉及智能照明控制系统的应用，这使照明系统变得更加灵活和高效，充分利用自然光源，显著降低了能源消耗。高效供热系统的优化则通过引入冷热电三联供、热泵技术等先进技术手段，实现了能源的梯级利用和能量的综合利用，大幅提高了系统的能源效率。

新兴节能技术的引入也为绿色城市建设开辟了新的路径。太阳能光伏发电、风能发电、储能技术和分布式能源系统的发展，使可再生能源的利用更加广泛和高效。这些技术不仅能明显降低城市对化石能源的依赖，还具有很好的减排效果和环境效益。例如，太阳能光伏发电技术的普及，使建筑物外墙、屋顶等处都能成为发电的场所，极大地提升了城市的能源自主性。而与之相配套的储能技术的发展，则解决了可再生能源发电过程中存在的间歇性和波动性问题，保障了城市电网的稳定运行。分布式能源系统的引入，则通过就地生产、就地使用能源的方式，减少了输电过程中的能量损耗，提高了能源利用效率。风能发电的应用也是如此，不仅在城市的边缘地区有较大的发展空间，而且在城市中心区的高层建筑上安装小型风力发电装置，也是当前研究与应用的热点方向之一。

综合管理策略的实施在节能技术的发展和应用中同样不可或缺。尽管先进的节能技术不断问世，但若缺乏有效的管理措施和政策引导，这些技术的潜力和效益将无法充分发挥。现代信息技术的进步为节能管理策略提供了有力支撑，如物联网、人工智能和大数据分析等技术的应用，使智慧能源管理成为可能。智能传感器和监控系统，可以实时监测建筑、交通、公共设施等各个领域的能源消耗情况，对异常能耗进行及时预警和调整。同时，大数据分析技术能够处理和分析大量能耗数据，提供精准的能耗预测和优化方案，从而实现能源使用的最优化配置。政策层面的引导作用也极为重要，如通过立法和政策激励，推动节能技术的应用和普及。政府可以通过补贴、税收减免等方式，鼓励企业和居民采用节能技术。同时，加大节能知识的宣传和教育力度，提高公众的节能意识和行为自觉性，也是推行节能技术的一项重要措施。

绿色建筑和绿色交通作为绿色城市的重要组成部分，它们的节能技术创新与发展也有广阔的研究和应用前景。在绿色建筑领域，高效暖通空调系统、智能窗户、被动太阳能设计、能量回收技术等实际应用，极大地提升了建筑的能源效率，并改善了居住环境的舒适度。以高效暖通空调系统为例，通过创新设计和技术集成，能够更好地适应室外环境和使用需求的变化，使室内环境始终保持在一个舒适的范围，而能源消耗却大幅降低。绿色交通领域的节能技术创新则包括电动汽车、混合动力汽车的推广，智能交通系统和共享交通模式的普及等。这些技术和模式不仅有效降低了交通领域的能源消耗和碳排放，还改善了交通系统的整体效率和服务水平。例如，电动汽车不仅在使用过程中几乎零排放，还可以与电网互动，通过车辆到电网（V2G）技术，为电网提供储能和调峰服务，而智能交通系统则通过大数据和算法优化交通流量，有效缩短交通拥堵和无效行驶时间，进而减少了大量的能源消耗。

通过节能技术的不断创新与发展，绿色城市建设将能够有效地应对资源短缺和环境污染问题，实现城市的可持续发展目标。然而，这一进程不仅依赖于技术的突破与应用，还需多方面的合作与协调，包括政府政策的引导与支持、企业的技术研发与应用、公众的参与与支持等。只有在多方协同努力下，节能技术才能真正发挥其应有的作用，使绿色城市建设步入更加高效、和谐、可持续的发展轨道。

## 四、绿色建筑设计理念的创新

从根本上讲，绿色建筑设计不仅追求建筑物在形式上的美观和功能上的完善，还注重能源和资源的有效利用，减少对生态环境的影响，提升人们的生活质量。为实现这一目标，创新在绿色建筑设计理念中的应用显得尤为重要。

　　绿色建筑设计理念的创新，首先体现为生态设计的概念。生态设计是指在建筑设计过程中，充分考虑自然环境，选择符合自然规律的设计方案。这一理念强调使用可再生能源，如太阳能、风能和地热能，同时注重水资源的循环利用。生态设计还包括建筑外观与环境的和谐统一，合理的选址和布局，可以减少对当地生态系统的破坏。例如，建筑物的朝向和窗户的设计可以优化自然通风和采光，减少对人工照明和空调的依赖，降低能源消耗。绿色屋顶和垂直绿化也是生态设计的重要内容，既能美化环境，又能调节温度、改善空气质量。

　　能源效率在绿色建筑设计理念中占有核心地位。传统建筑通常消耗大量的能源，而绿色建筑设计致力于通过各种创新手段，提高能源利用效率。被动式设计是提升能源效率的重要方法，它通过建筑物的设计特性，如外墙隔热、窗户密封性和建筑物形状等，优化室内温度调节，减少对空调和暖气的需求。能源系统的智能化管理也是提高能源效率的关键。例如，智能恒温器和照明系统可以根据实际使用情况自动调节，无人状态下自动关闭，提高能源利用效率。同时，太阳能电池板和热泵等设备的应用，可以实现能源的自给自足，降低对传统能源的依赖。

　　材料选择的创新同样是绿色建筑设计理念不可或缺的一部分。绿色建筑设计强调使用环保材料，这些材料在生产和使用过程中对环境的影响较小。可再生材料，如竹子、木材和再生塑料，也属于环保材料，在绿色建筑中得到广泛应用。这些材料不仅能减少对自然资源的过度消耗，还能显著降低建筑物的碳足迹。创新材料的应用，如高性能混凝土、低挥发性有机化合物涂料和透水性铺装材料，也能提升建筑物的性能，改善环境质量。此外，模块化和预制建筑技术的推广，可以减少施工过程中的浪费，缩短工期，提高建筑效率。

　　智能化控制系统在绿色建筑设计中的应用，为实现建筑物的高效管理提供了新的可能。智能化控制系统利用传感器、物联网和大数据技术，实现建筑物内各类设备和系统的自动化管理。通过智能控制系统，建筑物可以实时监测和调节室内环境，如温度、湿度和空气质量，从而实现节能减排的目标。例如，智能窗户可以根据外界天气变化自动调节透光率和通风量，智能照明系统可以根据室内活动情况自动调整照明强度，进一步节约能源。智能化控制系统还可以为建筑物的维护提供数据支持，提前预警设备故障，延长设备使用寿命，提高整体运行效率。

社区融合是绿色建筑设计理念的重要扩展。在绿色城市建设中，仅仅实现单个建筑物的绿色设计是不够的，建筑物与其所处社区的融合同样至关重要。绿色社区设计理念强调建筑物之间的协同效应，实现资源共享和环境友好。例如，共享能源系统可以将社区内不同建筑物的能源需求进行平衡和调配，提高能源利用效率。绿色交通系统的设计，如步行道、自行车道和电动汽车充电设施，可以减少交通污染，提升社区居民的健康和生活质量。社区内的公共绿地和开放空间，为居民提供了休闲和社交的场所，促进了人与自然的和谐共处。

以人为本的设计理念也是绿色建筑设计的核心。绿色建筑不仅注重环境效益，还注重提升居住者的舒适度和健康指标。引入自然光和自然通风，采用无毒无害的装修材料，优化室内空气质量和声环境，都是以人为本设计理念的重要体现。例如，开放式的居住空间设计可以增强自然光的照射，降低人工照明的需求，保持空气流通。利用植物进行室内绿化，不仅能美化环境，还能净化空气，提升居民的心理健康和幸福感。

创新的绿色建筑设计理念还包括应对气候变化的措施。绿色建筑设计需要考虑未来气候变化可能带来的影响，例如极端天气事件的频发和气温的升高。这要求建筑设计具有更高的弹性和适应性。例如，耐洪水设计可以减少洪水对建筑的损害，高效的雨水管理系统可以减少暴雨带来的积水和城市内涝。同时，设计中也应考虑可持续性的发展，以避免在未来需要进行大量的改造和重建，以此减少资源浪费。

# 五、可持续城市规划方法

可持续城市规划是现代城市建设的核心要素之一，旨在通过科学合理的土地利用、资源管理和生态保护，达到经济、社会和环境的和谐发展目标。可持续城市规划的方法多种多样，以下从几个重要方面探讨这些方法。

一是综合土地的利用规划。土地是城市发展的基础资源，而土地资源的有限性要求我们必须以可持续的方式使用和管理。通过科学规划，将住宅、商业、工业、公共设施等各种用地合理布局，避免土地资源的无效或过度利用。城市规划要遵循生态原则，对于某些已经具有生态功能或脆弱的区域如湿地、森林、河流等进行有效保护，防止人类活动对这些区域的破坏。同时，尽量推进立体开发，鼓励建设多层次、多功能的建筑群，提升土地利用效率，减少城市扩展对自然生态系统的侵占。

二是交通系统的优化规划。交通拥挤、污染严重是很多城市面临的难题。在可持续城市规划中，应优先发展公共交通系统，如地铁、轻轨和快速公交等，使公共交通成为居民的主要出行方式，减少私家车的使用，降低能源消耗及污染排放。同时，重视步行与自行车交通网络建设，通过设置步行道、自行车道以及相关配套设施，鼓励市民选择绿色出行方式。此外，还可以采取智能交通管理系统，通过大数据分析和现代通信技术，实现交通状况的实时监控和管理，提高出行效率，减少拥堵。

三是绿色建筑的推广与应用。绿色建筑是指在整个建筑生命周期内，最大限度地节约资源、保护环境、减少污染，为人们提供健康、适用和高效使用空间的建筑物。绿色建筑的设计理念贯穿于选址、材料、施工、运营等每一个环节。在选址上，尽量选择城市中心或现有基础设施完善的区域，避免远郊开发带来的生态破坏和资源浪费；在材料选择上，优先采用环保、可再生和节能型材料；在施工过程中，尽量减少对周围环境的影响，采用节能施工技术；在运营中，通过应用智能化管理系统，提高建筑物的能源使用效率，减少碳排放，并为住户提供绿色生活方式的创造性解决方案。

四是生态绿地系统的科学规划。城市绿地，如公园、绿化带、亲水空间等，是城市生态系统的重要组成部分，一方面提升了城市景观品质，改善了市民的生活环境；另一方面也起到调节气候、净化空气、保护生物多样性的作用。在规划中，综合考虑绿地的规模、布局和功能，建设以森林公园、湿地公园、郊野公园为主体的大尺度绿色空间，与城市中的各类小型绿地、街道绿化、垂直绿化等有机结合，形成连续的城市绿地系统。在此基础上，推动城市绿地中的生态多样性，创造多种植物共存的生物栖息地，强化城市绿地的生态效益。

五是能源与资源的高效管理。城市中能源和资源的利用状况直接影响可持续发展的实现。可再生能源，如太阳能、风能、地热能等，在城市中的应用越发广泛，需要科学规划，促进集中式和分布式能源系统的综合利用。建设能源站和分布式光伏、风电等，优化供能结构，推动能源的多元化发展。在供水方面，需推进城市水资源的循环利用，采用先进的雨水收集、污水处理再利用系统，实现水资源的可持续管理。在固体废弃物管理方面，应构建完善的垃圾分类和回收体系，推动垃圾减量化、资源化和无害化处理，提升城市资源的再利用水平。

六是强调社会参与与治理。当涉及可持续的城市规划，不仅要依靠科学专业的规划技术与方法，还需要广泛动员社会各界参与。公众的知情权、参与权和监督权需要得到充分保障，使公众能够及时了解并参与城市规划的各个环节。通过多样化的公众参与机制，如民意调查、公众听证会、专家咨询等，收集各类群体的意见和建议，确保规划决策的科学性、民主性和公正性。同时，城市治理也需要多元主体的协同合作，政府、企业、社区、非政府组织等各利益相关方通力合作，共同推进绿色城市建设。

# 第三节　培养绿色城市建设中的技术创新人才

## 一、创新教育模式与课程设置

绿色城市建设是一项跨学科、多层面的复杂系统工程，需要具备多样化背景和复合技能的人才。因此，创新教育模式与课程设置的首要任务是打破传统学科界限，实现知识的整合与综合应用。教学设计应围绕绿色城市建设这一核心主题，将环境科学、工程技术、社会学、经济学等多学科内容有机结合，形成一个系统的、科学的课程体系。

课程内容应包括绿色建筑设计、可再生能源利用、生态环境保护、城市规划与管理、可持续交通系统、废弃物管理与回收等多个专题，并通过题库、案例研究等多种形式，帮助学生掌握相关理论与实践技能。与此相关的实验课程和实践环节不可忽视，应包括实地调研、实习、项目实践等方式，使学生能够在真实情境中探索和运用所学知识，提高问题解决能力和实践操作水平。

课程设置要着眼于培养学生的创新思维和实践能力，需要将问题导向学习（Problem-Based Learning，PBL）、研究导向学习（Resource-Based Learning，RBL）等先进的教学方法引入课堂。通过这些方法，学生们在面对复杂情况时，能进行独立思考、团队合作、跨学科研究，培养其批判性思维和创造性解决问题的能力。同时，鼓励在课程中增加多样化的活动，如研讨会、小组讨论、模拟实验、实地考察等，这些活动不仅能增加学生的学习兴趣，还能促进知识的吸收和实际应用能力。

教师在教育模式中的角色也需重新定位。作为知识的传递者和科研的引导者，教师应更多地转变为学习的引导者和学生创新思维的激发者。优秀的师资力量和教学团队，既要具备深厚的学术背景和丰富的实践经验，又要善于运用多样化的教学手段，开展跨学科合作和多维度的学术交流。实践经验丰富的业界专家、技术骨干等也应被纳入教学团队，从而建立起紧密联系学术界与产业界的互动机制。

此外，教学资源的丰富性与现代化也是创新教育模式中的关键组成部分。现代化的多媒体教学设备、虚拟现实实验室、大数据分析平台等信息化设施，是提升教育质量、激发学生创造力的有力工具。这些设备不仅能够提供更为生动、直观的教学体验，还能使学生在模拟环境中进行实验和操作，从而大幅提高学习效率和实验成功率。

课外活动和社会实践也是绿色城市建设技术创新人才培养的重要环节。组织学生参与绿色建筑设计竞赛、开展环保公益活动、进行跨国交流与合作等，能够培养其国际化视野和社会责任感。同时，也能促使学生在实践中发现问题、分析问题、解决问题，锻炼其综合能力。

多方合作与交流也是教育模式中的重要组成部分。通过与企业、科研机构、政府部门等多方合作，开设联合课程，建立联合科研项目，形成产学研相结合的教育体系。这不仅可以为学生提供更多的实习与就业机会，还能推动科研成果转化，增强教育的实用性和社会影响力。

在课程考核评估方面，应注重过程性评价和多元化评估体系。除了传统的笔试、期末考试等形式外，应增加课程作业、项目汇报、论文撰写、团队表现等多元化的考核方式。注重学生在学习过程中创造性思维和实践能力的培养，考核体系要更加关注学生的综合素质和发展潜力。

## 二、技术创新实验与实训

通过系统的实验与实训，学生不仅可以掌握最新的绿色建设技术，还能在实际操作中培养解决问题的能力，从而提高他们在未来工作中的适应性和创新能力。对于教育机构和相关企业而言，认真设计并实施技术创新实验与实训课程，对于推动绿色城市建设、培养高素质的专业人才至关重要。

绿色技术创新实验与实训应包括综合性的、跨学科的教学内容，涵盖绿色建筑、可再生能源、智能城市系统、节能技术、环境评估与治理等多个领域。第一，绿色建筑技术的实验与实训作为绿色城市建设的重要方面，主要包括绿色材料的应用、生态建筑设计、建筑环境质量评价及智能控制系统等。实验项目可以设置为利用新型环保材料构建的建筑模型，测试其在不同环境条件下的性能表现；通过模拟软件进行生态建筑设计，分析其节能效果；使用传感器和智能控制设备监测并优化建筑内部环境参数，如空气质量、温湿度和光照度等。

第二，可再生能源技术是绿色城市建设中不能忽视的关键领域。实验与实训应注重太阳能、风能、生物质能等不同类型的可再生能源技术的应用与集成。例如，可以安排太阳能光伏板的安装与调试实验，分析其发电效率；风能发电装置的组装和性能测试实验，了解不同风力条件下的发电效果；生物质能转化设备的操作与实验，探讨生物质能在城市能源供应中的潜在应用。此外，实验项目还应包括可再生能源在建筑、交通、城市公共设施中的集成应用，通过实训增强学生对实际方案设计的理解和创新思维能力。

第三，智能城市系统的建设是未来城市发展的方向，也是绿色城市建设的重要组成部分。实验与实训应涉及物联网、智能交通、智慧能源管理系统、智能水务系统等技术。物联网技术实验可设计为利用传感网络采集城市环境数据，并通过数据分析与挖掘优化城市管理决策。智能交通实验可以包括交通流量的监测与预测、交通信号优化、智能停车系统的设计与实现等。智慧能源管理系统实验则侧重于城市能源监测、能源消耗分析与优化、分布式能源系统管理等方面。这些实验与实训可以培养学生掌握智能技术在绿色城市建设中的应用，增强他们在实际工作中的系统思维和综合分析能力。

第四，节能技术在绿色城市建设中同样具有重要意义。节能技术实验与实训应涵盖能源审计、能效评估、节能技术改造与应用等内容。学生可以通过对建筑、交通、工业等不同领域的能耗数据进行实地测量与分析，识别潜在的节能空间；设计并实施节能改造方案，如照明系统改造、暖通空调系统优化、节能电器的应用等，然后评估其实际效果。此外，还可以进行先进节能技术产品（如高效热泵、节能电机等）的选型与测试实验，培养学生在选择和应用节能技术时的判断力和创新能力。

第五，环境评估与治理是绿色城市建设的重要组成部分，实验与实训课程可涉及城市大气、水、土壤和噪声环境质量监测技术，污染治理技术及其应用等。学生可以通过实验项目，如大气污染物监测装置的操作与数据分析、水质采样与分析、土壤污染状况评定与修复技术实验，掌握环境监测与治理的基本方法与技术。同时，还可以设计城市生态环境综合评价实验，通过多维度的数据分析与模型模拟，综合评价城市生态环境现状，为环境保护与治理提供科学依据。

第六，在实验与实训课程的实施过程中，学校和企业应积极开展合作，探索校企联合培养模式。校企合作可以使学生将在课堂上学习到的理论知识与企业的实际需求相结合，使学生在真实的项目环境中进行实验与实训，提升他们的实际操作能力和创新实践能力。此外，通过企业导师的指导和讲座，学生可以了解最新的技术动态和行业前沿发展趋势，激发他们的创新活力。

第七，实验与实训还应重视团队合作和项目管理能力的培养。绿色城市建设需要多领域、多学科的协调合作，因此在实验与实训课程中，可以设置团队项目，鼓励学生分工协作，共同完成复杂的实验任务。项目管理的实践锻炼，可以提高学生的沟通能力、协作精神和项目管理能力，为他们未来的职业发展打下坚实基础。

合理的实验室条件和设施配备是保证实验与实训质量的重要因素。教育机构应投资建设或升级实验室设施，配备先进的实验设备和工具，满足不同实验项目的需求。同时，应确保实验室环境安全、管理规范，制定详细的实验操作规程和安全指南，为学生提供良好的实验与实训环境。

为了检验教学效果，提高学生的学习积极性，可以在实验与实训结束后，通过实验报告、项目展示、专家点评、学生互评等多种形式，对学生的实验成果进行评价。多维度的评价体系，不仅可以客观反映学生的学习效果，还可以激励他们持续改进和创新。

通过系统的技术创新实验与实训课程，学生不仅能够掌握先进的绿色建设技术，还能培养创新思维和实际操作能力，从而为绿色城市建设输送高素质的技术创新人才。教育机构和企业应共同努力，优化实验与实训课程设计，提供良好的实验环境和资源，确保教学质量和效果。同时，通过不断的教学实践和经验积累，持续改进和完善实验与实训课程，为绿色城市建设和可持续发展提供坚强的人才保障。

# 三、产学研结合培养模式

产学研结合模式指的是产业界、学术界和科研机构之间的紧密合作，共同促进技术创新和人才培养。这种模式不仅能使学术研究成果快速转化为实际应用，还能让科研机构和高校了解产业界的需求，从而有针对性地开展研究和教学。

在产学研结合模式下，产业界、学术界和科研机构的需求与资源彼此补充。产业界通常面临技术创新和应用的迫切需求，他们拥有丰富的实践经验和市场资源，但可能缺乏系统的理论指导及前沿科技支持。学术界则拥有扎实的理论基础和前沿的科研成果，但往往缺少与实际产业问题对接的机会。科研机构则介于两者之间，既有一定的理论研究能力，又能组织和实施具体的科研项目，但也需要实际应用的检验和反馈。

为了有效培养绿色城市建设中的技术创新人才，需要在学术界和产业界之间建立一个有效的沟通与合作机制。这可以通过联合研发中心、产业学院、协同创新中心等多种形式实现。联合研发中心可以联合高校、科研机构和企业共同组建，集中各方资源开展针对性的研究项目。产业学院则可以将企业的实际需求融入高校的教学和研究中，使学生在学习过程中就能接触到实际问题。协同创新中心则更多强调在具体项目上的合作，通过具体项目的实施来实现技术的转化和人才的培养。

在这种合作机制下，学术界可以将科研成果快速应用于产业界，从而实现技术转化。同时，产业界可以通过参与科研项目，把实际需求和技术难题提供给学术界，促进科研方向的调整和优化。从而使技术创新不仅停留在理论层面，而是真正实现应用，推动绿色城市建设的发展。

具体到人才培养方面，产学研结合模式为学生提供了更多元的学习和实践机会。通过参与实际的研发项目，学生不仅能掌握先进的理论知识，还能积累宝贵的实践经验，从而提高解决实际问题的能力。例如，学生可以参与绿色建筑设计、可再生能源利用、低碳交通系统等与绿色城市建设密切相关的研究项目中，不仅在理论上了解了这些技术的原理，还能在实际操作中掌握相应的技能。这种学习和实践相结合的培训方式，可以有效提升学生的综合素质，使其成为具备理论和实践能力的技术创新人才。

为了进一步促进产学研结合模式的实施，还可以通过政策支持和激励措施来引导各方积极参与。例如，政府可以设立专项基金或提供税收优惠，支持企业与高校、科研机构联合开展研发项目。企业在参与合作的过程中，也可以把参与项目的员工送到高校或科研机构接受系统的培训，提升他们的理论水平和科研能力。科研机构和高校的研究人员则可以通过参与企业的实际项目，丰富他们的实践经验和应用能力，形成互利共赢的局面。

此外，产学研结合模式还需要注重人才的多元化培养。绿色城市建设涉及的技术领域广泛，包括建筑、能源、交通、环境等多个方面。因此，在培养技术创新人才时，需要通过跨学科的合作教育，培养具有复合背景和跨学科能力的人才。例如，可以设置交叉学科专业，组织跨学科研究团队，开展综合性的研究项目，使学生能够接触到不同领域的知识和技能，培养其综合素质和跨学科的创新能力。

评价和反馈机制也在产学研结合模式中起着重要作用。产业界、学术界和科研机构需要建立一套科学的项目评价机制，通过定期的项目评估和反馈，不断优化合作方式和内容。通过分析项目的实施效果、技术成果的转化情况以及人才培养的效果等方面的信息，总结经验、发现问题、及时调整和改进，从而提升合作的效率和质量。

产学研结合模式在绿色城市建设中的实施，不仅需要产业界、学术界和科研机构的共同努力，还需要政府和社会各界的支持和参与。通过联合研发、合作教育和多方面的资源整合，可以有效提升技术创新能力，培养大批具有理论基础和实践经验的技术创新人才，推动绿色城市建设的可持续发展。

## 四、跨学科合作与团队培养

跨学科合作旨在不同的学科领域之间进行知识和技能的融合，而团队培养则是在共同目标和协作精神的基础上，通过多样性和多元化的视角，提升团队整体的创新能力和执行力。在绿色城市建设领域，这种合作和培养模式不仅提升了技术创新的广度和深度，也促进了绿色理念的普及和应用。

在跨学科合作中，需要明确的是，不同学科的融合带来了知识的碰撞和创新思维的涌现。绿色城市建设不仅涉及工程技术，还包括城市规划、环境科学、经济学、社会学等多个领域。通过不同学科背景的专家和学者之间的合作，可以将多种视角和方法整合到绿色城市建设项目中。例如，在一个优化城市能源使用的项目中，工程师可以设计高效的能源系统、环境科学家可以评估其对生态系统的影响、社会学家可以研究其对居民生活方式的改变、经济学家可以计算其经济可行性。这种多学科的合作不仅能够带来更加全面和细致的方案，还能够提高项目的成功率和长远效益。

团队培养在跨学科合作中同样至关重要。一个高效且和谐的团队需要具备共同的目标和协作精神，需要在沟通、信任和理解的基础上进行密切合作。在绿色城市建设的团队中，团队成员有着不同的专业背景，他们的知识结构和思维方式各有千秋。团队培养活动，如团队建设工作坊、跨学科学术交流、协作项目等，可以增强团队成员之间的了解和信任，促进知识和经验的共享，从而提升团队整体解决问题的能力和技术创新的效率。

跨学科合作和团队培养还需要有健全的管理机制和支持体系。要充分发挥这种合作模式的优势，管理层需要制定明确的合作目标和策略，确保资源配置合理，合作过程顺畅。信息透明与知识共享是跨学科合作的重要保障，建立完善的交流平台和机制，可以确保团队成员及时获取相关信息，减少沟通障碍，从而提升合作效率。此外，还需要定期评估合作和团队培养的效果，根据评估结果不断优化和改进，促进技术创新的持续推进。

在跨学科合作和团队培养过程中，知识整合和创新文化的培育也是关键所在。绿色城市建设的复杂性和多样性要求团队成员不仅具备专业知识，还要具备跨学科的思维能力和创新精神。教育机构和研究机构在这一过程中扮演着重要角色，他们需要为培养具备多学科知识和能力的专业人才提供支持，通过课程设置、科研项目和实践活动等方式，激发学生的创新兴趣，培养他们的跨学科思维和团队协作能力。

在实际操作中，跨学科合作和团队培养的模式与方法多种多样。例如，可以通过举办跨学科的学术会议和研讨会，促进不同学科专家之间的交流和互动；可以通过设立跨学科的科研项目和实验室，开展联合研究和开发；可以通过开发和推广跨学科的教学课程和培训项目，培养掌握多学科知识和技能的专业人才。通过这些方法和实践，可以有效地促进跨学科合作，提升技术创新的能力和水平。

绿色城市建设需要系统性的思维和创新的解决方案，而这些离不开跨学科合作和团队培养。无论是在理论研究还是在实际应用中，这两者都是不可或缺的要素。跨学科合作不仅能够融合不同领域的优势和资源，还能够拓展知识和思维的边界，为绿色城市建设提供新的视角和方法。而团队培养则通过凝聚集体智慧和协作力量，提升团队整体的创新能力和执行力，使得项目和工程在各个阶段都能高效推进和实施。

随着绿色城市建设的不断推进，跨学科合作和团队培养的价值和作用将会越加凸显。这不仅是推动技术创新和实现绿色发展的重要途径，也是培养新一代具备跨学科视野和创新能力的专业人才的重要手段。系统化和多样化的跨学科合作和团队培养，可以为绿色城市建设注入新的活力和动力，实现可持续发展和人类与自然和谐共存的美好愿景。

# 五、国际交流与合作

从全球视野来看，绿色城市建设面临的挑战日益复杂和多样，单靠一国之力难以全面解决，国际交流与合作因其能够提供多元化的视野和技术支持，被认为是培养技术创新人才不可或缺的一环。

第一，国际交流与合作能够带来多样化的知识输入和技能提升。与发达国家和国际组织的学术和专业交流，可以将更多先进的绿色城市建设理念、技术和实践经验带回国内，这对于培养技术创新人才具有重要引导作用。引进国际先进技术标准和最佳实践办法，有助于弥补国内在某些领域的技术短板，提升整体的科技水平和创新能力。这种输入不仅限于技术层面，还包括管理模式、政策环境等方面，为本土创新提供更为广阔的参考维度。

第二，国际合作为技术创新人才的培养提供了实际操作平台和跨文化交流的机会。在国际合作项目中，技术人员和研究人员可以直接参与到跨国团队的工作中，经历从方案设计、实施到评估的全过程，积累实战经验，提升综合能力。同时，合作伙伴之间的文化差异和管理风格的不同，能够促使技术人员在多元化的工作环境中学会适应和协调，从而锻炼其灵活应变和跨文化沟通的能力，这在未来全球化背景下的技术创新中尤为重要。

第三，国际交流亦能促成教育资源的共享与提升。在绿色城市建设领域，与国外高校、科研机构及企业的合作办学、联合科研以及短期技术培训等活动，能够促进高等教育质量的提升和加快人才培养的国际化步伐。例如，通过双学位项目、交换生项目，学生可以在不同的教育系统下接受培养，拓宽其学术视野及提升实践能力。引入国际专家讲座和课程，不仅丰富了教学内容，也为学生带来了最新的行业动态和技术发展前沿。国际学术交流和科研合作，则能使学生和教师参与到国际前沿课题研究中，提升科研成果的影响力和竞争力。

第四，与国际行业组织和标准化机构的合作，也为技术创新人才培养提供了新的方向和标准。国际组织制定的标准和指南往往代表了行业内的最高水平，在与这些组织的紧密合作中，学生和技术人员可以直接学习和应用这些标准，从而提升专业能力并促进技术标准的本土化。这种合作还常常伴随着国际认证和资质的获取，使技术人员在全球范围内具备较强竞争力。

国际交流与合作的战略联盟与协同创新机制，同样是培养技术创新人才的重要途径。建立双边或多边创新联盟，整合不同国家和机构的研发资源和人才优势，共同攻克绿色城市建设中的技术难题，形成创新合力。这种协同创新机制能够显著提升研究效率和成果质量，培养出具有国际视野和协同创新能力的高素质技术人才。在这种机制下，各方不仅能共享研究成果，还能开展人员交流和联合培养，为技术创新人才提供多样化的发展路径。

在国际交流与合作中，政治、经济、文化等多方面因素都会对技术创新人才的培养产生复杂的影响，一方面，国际政治经济环境的变化可能对合作进程和深度造成影响；另一方面，各国在合作中的利益诉求和文化差异也需要妥善处理。为此，需要建立健全的合作机制和政策保障，确保交流与合作的顺利进行。此外，政府、企业、高校和研究机构需形成合力，共同推动国际合作战略的实施和深化。只有通过各方共同努力，才能为培养绿色城市建设中的技术创新人才创造良好的国际交流与合作环境。

国际交流与合作的战略决策和实施还应注重长期性和持续性。技术创新的培养不是短期行为，而是需要长时间投入和积累的过程。因此，在制定国际合作战略时，必须考虑到合作的可持续性和长期效益，确保人才培养的质量和深度。通过持续的国际交流和合作，不仅能够不断引进新技术、新理念，还能逐步建立起一套符合国际标准、适应本土需求的人才培养体系，这对于绿色城市建设的长期发展至关重要。

  国际交流与合作也是推动绿色城市建设领域全球治理和国际共识的重要手段。积极参与国际会议、论坛和合作项目，能够提升在国际绿色城市建设领域的影响力和话语权，并在全球范围内推广先进的技术和成功经验。在这一过程中，培养的一批具有国际治理能力和战略视野的高端人才，不仅能为本国的绿色城市建设提供智力支持，还能在全球范围内发挥积极作用，推动国际社会共同应对气候变化和环境挑战。

# 第三章

# 绿色城市建设的政策与法规

## 第一节　绿色城市建设的政策推动

### 一、国家层面的绿色政策简介

绿色城市建设的政策推动是国家层面的重大举措，其核心在于通过一系列政策、法规和战略规划，有效引导和推动各城市在发展过程中坚持绿色发展理念，实现生态环境保护与经济社会协调发展的目标。

国家层面的绿色政策首先体现在宏观的政策框架和发展战略上。国家制定了多部涉及绿色发展的法律法规，如《环境保护法》《节约能源法》《可再生能源法》等，这些法律法规为绿色城市建设提供了法律保障，并明确了各级政府和相关部门推进绿色发展的职责和义务。此外，《国家新型城镇化规划（2014—2020年）》《国民经济和社会发展第十四个五年规划和2035年远景目标纲要》等重大规划文件也明确了绿色发展的方向和目标，强调应加快绿色城镇化进程，推动绿色基础设施建设，提升资源利用效率。

在具体政策方面，为了实现能源节约和提高能源效率，国家出台了一系列政策措施。国务院发布了《关于加快推进生态文明建设的意见》，其中明确提出要建立绿色发展方式，推进能源结构的优化，鼓励发展清洁能源和可再生能源。此外，国家还制定了《国家重点节能低碳技术应用推广目录》，推动节能减排技术的应用与推广，促进传统能源结构向清洁能源结构转变。这一系列节能政策有效地推动了能源利用效率的提高、污染物排放的减少，为绿色城市建设奠定了坚实的基础。

在建筑领域，国家大力推动绿色建筑和绿色建材的应用。住房和城乡建设部发布的《绿色建筑评价标准》对绿色建筑的设计、施工和运行等各个环节提出了具体要求，鼓励建筑行业采用绿色节能技术和材料，减少建筑能耗和碳排放。与此同时，国家还推出了绿色建筑标识制度，对符合绿色建筑标准的建筑授予标识，促进绿色建筑的推广应用。此外，各地相继推进绿色建筑政策补贴，通过财政激励措施鼓励绿色建筑项目的开发和建设，加速绿色建筑的普及。

在交通领域，国家层面的绿色政策主要集中在推广绿色交通方式和提高交通系统的环保意识。国务院发布的《2024—2025年节能降碳行动方案》提出了一系列推动绿色交通发展的措施，包括大力推广公共交通、骑行及步行交通模式，倡导低碳出行；加快新能源汽车的研发和推广，逐步替代传统燃油车辆；建设绿色交通基础设施，提高交通系统的节能环保水平。此外，国家还实施了多项交通减排政策，如船舶排放控制、航空绿色发展、道路交通清洁化，这些政策措施对减少交通领域的污染物排放、提升城市交通系统的绿色化水平具有重要作用。

在可再生能源领域，国家层面采取了一系列措施鼓励可再生能源的发展。国家发展改革委和能源局发布了《可再生能源发展"十三五"规划》，明确了可再生能源发展的目标和任务，推动太阳能、风能、生物质能等可再生能源的广泛应用。此外，国家还通过上网电价补贴和财政扶持等政策措施，鼓励企业和居民安装分布式光伏发电系统、太阳能热水器等可再生能源设施，促进可再生能源的普及。通过这些政策措施，我国可再生能源的产能和利用率不断提高，形成了绿色城市建设的重要组成部分。

在废弃物管理方面，国家层面积极推进固体废弃物的资源化和无害化处理。国家出台了《固体废物污染环境防治法》《循环经济促进法》等法律法规，加强固体废弃物的分类、收集、利用和处置，推进资源循环利用和垃圾减量化。此外，国家还发布了《"无废城市"建设试点工作方案》，选取部分城市开展"无废城市"建设试点工作，通过推广垃圾分类回收、再生资源利用、循环经济示范园区建设等举措，探索固体废弃物管理的新模式和新机制，为全国范围内推进"无废城市"建设提供了借鉴。

同时，国家层面还通过国际合作推动绿色发展。我国积极参与《巴黎协定》等国际环境治理框架，承诺2030年前实现碳达峰、2060年前实现碳中和目标。为实现这一目标，国家层面出台了相关政策文件，明确了碳减排的路径和措施，推动各行业加快低碳转型。同时，加强与国际社会在环境保护、应对气候变化等领域的合作交流，借鉴国外先进经验，提升我国绿色发展水平。

## 二、地方政府的绿色发展计划

地方政府的绿色发展计划是推动绿色城市建设的重要手段之一，通过制定和实施科学合理的绿色发展战略和政策，地方政府能够有效引导资源的合理分配和利用，实现环境保护与经济发展的有机结合。地方政府在制定绿色发展计划时，需要全面考虑当地的具体条件，包括自然环境、经济发展水平、社会结构等因素，制定具有针对性和可操作性的政策措施。

地方政府的绿色发展计划需要明确绿色发展的目标与方向。目标应当全面涵盖环境保护、资源节约、可再生能源利用、绿色经济发展等各个方面，保证各项措施能够形成合力，共同推动绿色发展；方向则应结合当地的实际情况，既要考虑到全国绿色发展总体战略的要求，又要关注本地区的特色和优势，采取符合本地区实际的绿色发展路径。例如，有些地区可以依托丰富的自然资源，重点发展生态旅游和绿色农业，而另一些地区则可以借助先进的技术和产业基础，推动新能源产业和循环经济的发展。

在明确目标与方向后，地方政府需要制定具体的政策措施。首先，地方政策要加大对绿色产业的支持力度。包括对新能源、节能环保、生态修复等绿色产业提供财政补贴、税收优惠、技术支持等政策，鼓励企业进行绿色技术研发和应用。同时，地方政府还可以通过设立绿色产业基金，吸引社会资本投资绿色项目，推动绿色产业的快速发展。

其次，地方政府需要制定严格的环境保护政策。环境保护政策可以涵盖大气、水、土壤等各个方面，通过制定严格的排放标准、实施污染物排放总量控制、加强环境执法等措施，有效控制环境污染。同时，地方政府还可以通过生态补偿机制，引导企业和社会组织共同参与环境保护，为生态环境的修复和改善提供资金保障和技术支持。

最后，在资源管理方面，地方政府应实行严格的资源管理政策，促进资源的高效利用和循环使用，包括制定严格的用地政策，保护耕地和生态用地，控制建设用地的无序扩张；制定节水、节电、节能政策，通过实施阶梯水价、阶梯电价等经济手段，引导公众和企业合理使用资源；推动垃圾分类和资源回收，建立健全垃圾分类收运体系，提升资源回收利用率，减少垃圾填埋对环境的影响。此外，在地方政府的绿色发展计划中，还应重视对可再生能源的开发和利用。要结合当地的资源优势，大力发展太阳能、风能、生物质能等可再生能源，推动形成多元化的能源结构。通过政策引导和财政支持，鼓励企业和社会组织投资建设可再生能源项目，推进分布式能源系统的建设和应用，提升可再生能源在能源结构中的比重。

为了确保绿色发展计划的顺利实施，地方政府还需要建立健全的保障机制。首先，要加强对绿色发展政策实施情况的监督和评估。可以通过定期发布绿色发展报告，对各项政策措施的实施效果进行全面评估，及时发现和解决存在的问题；建立健全的监督机制，加强环保执法力度，严格查处环境违法行为，保障环境保护政策的有效实施。

其次，地方政府需要推动公众参与绿色发展。从教育入手，提高公众的绿色环保意识和节约资源意识。通过宣传引导，倡导绿色消费理念，鼓励公众购买使用绿色产品，减少资源浪费和环境污染。搭建公众参与的平台，鼓励公众积极参与环境保护和生态建设，为绿色发展献计献策，形成社会共治的良好局面。

最后，在绿色发展计划的实施过程中，地方政府还需要加强与相关部门和机构的协调配合，形成政府、企业、社会和公众共同参与、齐抓共管的局面；建立健全信息共享机制，加强部门间的信息交流和合作，共同推进绿色发展目标的实现。

国外的优秀经验和先进技术也可以为地方政府的绿色发展计划提供有益的借鉴。地方政府可以通过加强国际合作和交流，吸收国外的先进理念和技术经验，创新绿色发展模式，提升自身的绿色发展水平。通过与国际环保组织和科研机构的合作，加强绿色技术的引进和应用，提高本地的技术创新能力和环保水平，为绿色发展提供强有力的技术支撑。

地方政府还可以通过政策的引导，推动绿色金融体系的建立与完善，为绿色发展提供资金保障。通过政策激励，鼓励金融机构加大对绿色项目的投入力度，推动绿色信贷、绿色债券、绿色保险等绿色金融工具的发展，形成多渠道、多层次的绿色融资体系，助力绿色城市建设。

## 三、绿色城市建设的财政激励措施

绿色城市建设的财政激励措施通过提供经济支持，使参与绿色城市项目的各方能够更好地实现其环保目标，促进绿色技术和可持续发展的推广和应用，有效提升城市的生态效益和居民的生活质量。

首先，税收优惠作为一种重要的财政激励手段，能有效减轻企业和居民的经济负担，从而鼓励更多的环境友好型行为。具体的税收优惠措施可以包括企业所得税减免、增值税优惠和财产税减免。对于那些积极实施绿色建筑标准的房地产开发企业，政府可以给予一定的企业所得税减免政策，以促进绿色建筑的开发和建设。对于采用绿色能源的企业和家庭用户，可以享受一定比例的增值税优惠政策，从而降低其生产和生活成本。一些地方政府还可以对安装了太阳能光伏系统或采用雨水收集系统等环保措施的居民物业，实行财产税减免，激励更多的个人和家庭选择绿色生活方式。

其次，财政补贴作为直接的经济激励措施，能够在短期内有效地促进绿色城市建设项目的快速发展。政府可以针对不同类型的绿色建设项目制定不同的补贴政策。例如，对于绿色建筑的建设和改造项目，政府可以提供一定比例的建设成本补贴，以弥补企业在实施新技术和新材料时所面临的高额投入。对于采用绿色能源的项目，如太阳能发电、风能发电等，政府可以提供电价补贴或者直接补贴，以保障这些项目在市场初期的经济可行性。此外，对于城市绿化工程、公共交通建设和废水处理设施的建设，政府同样可以通过财政补贴的方式，鼓励更多的企业和社会资本参与其中。

再次，低息贷款是另一种有效的财政激励措施，能够为绿色城市建设项目提供更为便捷和低成本的融资渠道。由于绿色城市建设项目往往需要较大的前期投资，传统的商业贷款可能会因为高利率而增加项目的财务负担。因此，政府可以通过与金融机构合作，提供低息贷款或者无息贷款，帮助企业和项目开发商降低融资成本，减少财务压力。比如，对于那些采用绿色建筑标准进行开发的房地产项目，政府可以提供一定额度的低息贷款，帮助企业在前期资金不足的情况下顺利推进项目。同时，对于一些创新性的绿色技术应用项目，如分布式能源系统、智能电网建设等，低息贷款也能起到重要的支持作用，有助于这些项目在市场初期的推广和普及。

最后，绿色债券作为一种新兴的融资工具，也在绿色城市建设中发挥着重要作用。绿色债券是一种专门用于支持环境友好型项目的债务融资工具，具有透明、高效和可持续性的特点，受到了全球市场的广泛关注。通过发行绿色债券，政府和企业可以筹集到大量的资金，用于支持绿色基础设施建设、能源高效项目和可再生能源项目等。一方面，绿色债券可以吸引更多的社会资本参与到绿色城市建设中来，缓解政府财政的压力；另一方面，绿色债券的发行和交易也有助于提高公众对绿色投资的关注度和参与度，推动整个社会对可持续发展的认同和支持。例如，某市政府可以发行绿色债券，用于建设地铁、公共自行车系统或者垃圾分类处理设施，借助市场机制筹集到大量资金，同时也能带动更多的企业和投资者关注和参与绿色项目。

通过这些财政激励措施，政府能够有效促进绿色城市建设项目的推进，提升城市的可持续发展水平。这些财政激励措施不仅能够直接降低绿色项目的成本、提升项目的经济可行性，还能够通过经济杠杆作用，使更多的企业和居民能够认识到绿色建设的重要性和必要性，积极参与到绿色城市建设中来。此外，这些财政激励措施也在一定程度上推动了绿色技术的创新和进步，为城市的长期可持续发展奠定了坚实的基础。在实施这些激励措施的过程中，政府需要综合考虑城市的实际情况和发展需求，适时调整和优化政策，确保财政激励措施能够充分发挥其应有的作用，更好地服务于绿色城市建设的总体目标。

## 四、国际合作对绿色政策的影响

通过国际合作，各国能够共同制定和执行绿色政策，从而减少碳排放、增加可再生能源的使用，提高能源效率，以此来推动全球范围内的环保和可持续发展目标。

国际合作的一个重要机制体现在各种国际组织和多边协议中。例如，《联合国气候变化框架公约》（UNFCCC）及其相关机制，如《京都议定书》和《巴黎协定》，为各国在应对气候变化、减少温室气体排放方面提供了一个法律框架。这些框架和机制不仅在科学评估和政策制定方面起到了指导作用，还通过定期的全球气候会议（如COP会议）为各国提供了一个交流平台，使其在经验分享、技术转移和资金援助方面形成了一套有效的合作体系。通过这些全球性的协议，各国能够在共同的目标和愿景下协调政策方向，共同应对气候变化挑战，增强绿色城市建设的政策效果。

欧盟在推动国际绿色政策合作方面也做出了卓越贡献。欧盟的"欧洲绿色协议"提出了一系列目标，如到2050年实现碳中和。这一协议不仅对欧盟国家内部具有约束力，还通过与其他国家和地区的合作推广其环境标准和技术，与周边国家和地区开展广泛的绿色政策合作。欧盟通过技术援助和资金支持，帮助活动范围更广、影响范围更大的国家和地区制定和实施绿色政策，这不仅促进了这些国家和地区的绿色城市建设，也为全球环境政策的协调和合作树立了榜样。

国际合作还直接体现在金融合作与技术转移上。世界银行、国际货币基金组织（IMF）、亚洲开发银行（ADB）等国际金融机构为许多国家和城市提供了大量资金支持，用于绿色基础设施建设和可持续发展项目。这些资金支持涵盖了从城市污水处理和固体废弃物管理到可再生能源项目的方方面面，通过这些金融援助项目，许多发展中国家得以引进先进技术和管理经验，提高了绿色城市建设的水平和效率。此外，一些国际基金，如绿色气候基金（GCF），专门资助发展中国家应对气候变化，这不仅帮助这些国家减缓和适应了气候变化的影响，也增强了全球范围内应对气候变化的集体行动能力。

技术转移是国际合作促进绿色政策的另一重要内容。发达国家在环境技术和管理经验方面具有很大优势，通过国际合作，可以将这些先进的技术和经验向发展中国家转移。这种技术转移不仅体现在硬件设备上，如高效的废水处理设备、可再生能源发电设备等，还涵盖了软件层面的管理经验、法律法规的制定和实施、技术标准和认证体系等。通过技术转移，发展中国家可以借鉴发达国家的成功经验，根据本国的实际情况来制定和优化绿色政策。这种合作方式在全球范围内促进了高效、可持续的绿色城市建设。

另外，城市间的合作也是国际绿色政策影响的重要体现。以"城市绿色论坛"和"城市环保国际联盟"为例，这些平台为世界各个城市提供了一个共享经验、探讨问题、共同解决环境挑战的机会。通过这些平台，不同国家的地区可以相互学习和借鉴最先进的绿色政策和实践，推动本地区的绿色城市建设。这样不仅可以实现政策的跨国界传播和落地，还能使全球范围内的绿色城市建设形成合力，共同应对全球环境问题。

绿色技术的国际合作同样对绿色政策产生了深远影响。新能源技术、智能电网、大数据分析等高科技手段在绿色城市建设中发挥出越来越重要的作用。通过国际合作，技术创新不再限于单个国家或地区，而是通过全球范围内的合作与交流，推动绿色技术的迅速发展和广泛应用。这些先进技术通过合作得到推广和应用，极大提高了绿色城市建设的科技含量和实际效果。如中国与丹麦在风电领域的合作，就是一个成功的案例。双方不仅在技术上实现了突破，还在政策制定和实施方面进行深入交流和合作，推动了两国绿色能源政策的进步和城市可持续发展的进程。

国际合作不仅有利于各国共享先进的绿色技术和管理经验，还有助于建立更加公正高效的全球环境治理体系，为各国和地区的绿色城市建设提供持续动力和支持。通过一系列国际合作机制，绿色政策的影响力将不断扩大，全球范围内的环保和可持续发展目标将更加切实可行。

## 五、政策实施中的挑战与对策

在现代社会，绿色城市建设已经成为全球范围内的一项重要议题，通过制定和实施相关政策，各国政府力图在城市发展过程中融合环境保护与经济增长。然而，绿色城市建设政策的实施过程中，面临诸多挑战。这些挑战不仅涉及政策的科学合理性和可行性，还涉及具体实施过程中的协调与监督、利益相关者之间的博弈，以及社会、经济和环境等多重因素的平衡。针对这些挑战，必须采取一系列有效的对策，以确保绿色城市建设政策的有效推进。

政策实施中的第一个重大挑战涉及政策的制定与规划。绿色城市建设政策涵盖广泛，需要从环境保护、能源利用、交通管理、废弃物处理、建筑设计等多方面入手，而每一个方面都需要科学、合理的规划和目标设定。然而，实际操作中，政策制定者常常面临数据不足、技术手段有限、经验缺乏等困扰，从而导致政策目标不明确、措施不完善、执行难度大。因此，进行深入的调查研究，收集足够的基础数据，结合国内外成功经验，通过科学手段进行规划，才能确保政策的可操作性和长期有效性。

在实际执行过程中，政策协调与政府各部门之间的协作是第二个重大的挑战。绿色城市建设政策通常涉及多个部门和领域，地方政府、环保部门、交通管理部门、建筑管理部门、能源管理部门等，都需要在政策实施中发挥各自的积极作用。然而，实际工作中，部门之间的信息交流不畅、权责分工不明确、协调机制不完善等问题，常常导致政策执行的低效乃至失败。因此，建立高效的跨部门协作机制，加强各部门之间的信息共享与合作，是促进政策有效实施的重要保障。

利益相关者之间的矛盾和博弈是绿色城市建设政策实施中的第三个突出难题。绿色城市建设涉及的利益相关者众多，包括政府机构、企业、公众、非政府组织等，这些利益相关者具有不同的利益诉求和优先级。例如，企业倾向于追求经济效益，可能会对环保政策持抵触态度，而公众则更加关注生活质量的提升，环保组织则更偏重于生态环境保护。这些矛盾和博弈，使得政策实施难度加大。为了平衡各方利益，实现政策目标，需要采取协商和参与式的政策制定与实施模式，广泛听取各方声音，通过公开透明的决策过程，争取各利益相关者的理解和支持。

资金的筹集与管理是绿色城市建设政策实施中的第四个重大挑战。绿色城市建设需要大量的资金支持，包括基础设施建设、技术研发与推广、环保设施投入等。然而，资金来源不足、资金分配不合理、资金使用效率低等问题，常常制约着政策的实施进展。为此，可以通过多渠道筹集资金，包括政府财政预算、公众捐款、国际援助、企业投资、金融机构贷款等，此外，科学合理地分配和管理资金，强化资金使用的监督与审计，提高资金使用效率，确保每一分资金都用在刀刃上。

技术的研发与应用是绿色城市建设政策实施中的第五个重大挑战。绿色城市建设是一个复杂而系统的过程，需要依赖于先进的技术手段和工具，如可再生能源技术、智慧城市技术、废弃物处理技术、节能环保建筑技术等。然而，现有技术水平还远不能完全满足绿色城市建设的需求，部分技术在实际应用中存在不成熟、成本高、适应性差等问题。为了克服这些技术障碍，需要在技术研发方面加大投入，积极引进和推广国内外先进技术，鼓励科研机构、企业和高校进行技术创新和应用研究，并建立有效的技术推广体系，确保新技术能够及时应用于实际建设中。

社会公众的参与和支持是绿色城市建设政策实施中的第六个重大挑战。绿色城市建设是一项关系到每一个市民生活质量的工程，公众的认知和参与度直接影响政策的执行效果。然而，很多情况下，公众对绿色城市建设政策的理解和支持尚显不足，存在认识误区和参与热情不高等问题。因此，加强环境教育和宣传、提高公众环保意识、增强市民对绿色城市建设的理解和支持，是政策实施的基础。开展各种形式的环保宣传活动和社会实践，鼓励公众积极参与到政策执行过程中，形成全社会共建绿色城市的合力。

绿色城市建设政策实施的监管与评估也是不容忽视的环节。有效的监管和评估机制，可以确保政策的执行过程透明、公正、有效，及时发现和纠正执行过程中的偏差和问题。然而，当前很多地方的监管与评估机制还不够完善，存在监管力量不足、评估标准不统一、评估方法不科学等问题。因此，需要建立健全的监管与评估机制，明确监管和评估的标准和方法，增强监管力量，确保政策执行的全过程都在有效的监督和控制之下，通过定期评估和反馈，不断改进和完善政策措施，提高政策的实施效果。

# 第二节　绿色城市建设的法规保障

## 一、绿色建筑相关法规解析

绿色建筑不仅是实现城市可持续发展的关键途径，更是落实环保和资源节约型政策的具体体现。为了保障绿色建筑的顺利实施，各国、各地区纷纷制定了一系列相关法规，以规范和指导绿色建筑的设计、建设和运行。这些法规所涵盖的内容广泛而深入，包括绿色建筑的定义、标准、技术要求、激励措施以及监管机制等，全面保障了绿色建筑的健康发展。

对于绿色建筑的定义，不同的法律法规可能会呈现出细微的差异，但核心思想是一致的，即实现建筑的生态性能和资源利用的最大化。绿色建筑强调在生命周期内的高效利用资源，包括能源、水、材料等，并最大限度地减少对环境的不利影响。例如，中国在《绿色建筑评价标准》（GB/T 50378—2019）中规定，绿色建筑是在全生命周期内，节能环保、减少污染，为人们提供健康、适用、高效的使用空间，与自然和谐共生的建筑。这一定义明确了绿色建筑的复杂性和多维度性，为相关法规的制定提供了基础。

《绿色建筑评价标准》是绿色建筑法规的重要组成部分，通常包括设计、施工、运营等各个阶段的具体要求。以中国为例，绿色建筑的评价标准分为多个等级，每个等级都有明确的技术要求和评分细则。绿色建筑等级越高，要求的环保性能越强。例如，三星级绿色建筑需要在节能、节水、节材、环保、室内环境等方面达到更高的标准。这种分级评价体系不仅为建筑开发商提供了明确的建设指标，也为政府部门在审核、评估绿色建筑项目时提供了科学依据。

在技术要求方面，绿色建筑法规强调了建筑材料的选择、能源的高效利用、环境质量的保障等多个方面。优质的绿色建筑材料应具备低能耗、低污染、可回收、再利用等特性。一些法律法规还要求，在建筑施工过程中必须使用一定比例的可再生材料或再生资源。此外，绿色建筑在能耗管理上也有具体要求，如使用高效节能设备、可再生能源系统、智能控制系统等，以提高能源利用效率、减少能源消耗。

为了推动绿色建筑的发展，各国也纷纷出台了多种激励措施，这在绿色建筑相关法规中得到了详细体现。这些激励措施不仅包括资金补贴、税收减免，还涉及优先审批、容积率奖励等。例如，德国的《可再生能源法》为绿色建筑提供了多项补贴措施，鼓励采用可再生能源和高效节能技术。美国则通过《能源政策法》为绿色建筑项目提供税收抵扣和低息贷款。中国在《绿色建筑行动方案》中也明确指出，对获得绿色建筑评价标识的项目，进行财政补贴和容积率奖励。这些激励措施有效地降低了绿色建筑的开发成本，提高了开发商的积极性。

监管机制是绿色建筑法规的重要保障手段。有效的监管机制可以确保绿色建筑法规的执行力度，防止违规行为的发生。国际上普遍采用第三方认证和政府监管相结合的方式来监督绿色建筑的实施。第三方认证机构根据《绿色建筑评价标准》，对建筑进行评估和认证，确保其符合相应的技术要求。在此基础上，政府部门还会进行现场检查和抽查，确保绿色建筑在施工和运营过程中依然符合相关标准。此外，一些法律法规还规定了严厉的处罚措施，对于不符合绿色建筑标准的项目，进行罚款、限期整改，甚至取消营业执照等。

绿色建筑法规的发展经历了从无到有、从简单到复杂、从区域到全球的过程。随着全球气候变化和资源短缺问题的日益严重，绿色建筑法规的制定和完善将成为各国政府的重要工作之一。未来，绿色建筑法规将向着更加精细化、系统化和国际化的方向发展。一方面，不断完善绿色建筑的技术标准和评价体系，推动新技术、新材料的应用；另一方面，加强国际合作，促进绿色建筑法规的互认和融合，以应对全球环境挑战。同时，随着智能建筑技术的发展，绿色建筑法规也将与智能化管理技术相结合，推动建筑的全生命周期管理，进一步提高资源利用效率，减少环境污染，实现真正的可持续发展。

## 二、城市规划中的绿色法治保障

绿色法治保障通过法律、法规及政策的综合运用，约束和引导社会各个主体的行为，确保城市发展符合生态和环境保护的要求，最终实现城市的可持续发展和生态文明建设。

城市规划中的绿色法治保障需要从多个方面进行深入探讨。

第一，绿色法治保障包含一系列严格的环保法律法规。这些法规包括《城市规划法》《环境保护法》《环境影响评价法》等，明确规定了城市规划过程中必须遵循的环境保护原则和标准。这些法律法规要求，任何城市建设项目在规划和实施过程中，必须进行环境影响评价，确保项目的实施不会对环境造成不可逆的破坏。法律的强制性和约束性，有效遏制了建设项目中的环境违法行为，保护了城市的生态环境。

第二，绿色法治保障需要健全的制度体系来支持。城市规划中的绿色法律体系包括立法、执法和司法三个环节。在立法环节，政府和相关部门应不断完善和修订现有的法律法规，根据实际情况推出新的环境保护法律，及时填补法治体系中的空白。在执法环节，各级政府执法部门需严格按照法律规定开展日常监管和执法检查，确保法律法规得到落实。在司法环节，司法机关应公正、及时地处理违反环境保护法律法规的案件，通过司法手段有效威慑和打击环保违法行为，彰显法律的权威。

第三，绿色法治保障强调公众参与的重要性。城市规划要实现绿色发展，需要社会各界的广泛参与和支持。法律法规通过设定公众参与机制，保障公众在城市规划和环境保护中的知情权、参与权与监督权。比如，在重大建设项目的环境影响评价过程中，法律法规要求项目单位必须公开相关信息，广泛征求公众意见。在城市规划的编制和修订过程中，法律法规也要求政府部门组织听证会、论证会等活动，听取各方意见，确保规划过程公开透明，决策民主科学。公众参与不仅可以提高城市规划的科学性和合理性，还能够强化社会监督，防止权力滥用和利益输送，推动城市规划更加符合生态文明建设的要求。

第四，保障城市规划中的绿色法治，还需要加强环境法制教育，提高全社会的法治意识和环保意识。法律法规的有效实施，离不开广大市民的理解和支持。环境法制教育通过多种形式和渠道，向社会公众宣传普及环境法律法规和环保知识，增强公众的法治观念和环保意识。政府和各级环保机构应组织开展形式多样的环保宣传活动，比如通过媒体播出环保公益广告、在社区举办环保讲座、向学校推广环境教育课程等，让环保理念深入人心，形成全民共同参与环境保护的良好氛围。

第五，城市规划中的绿色法治保障也需要注重国际经验的借鉴和本土化的创新。近年来，许多国家在城市绿色发展的法律保障方面积累了丰富的经验，值得我们学习和借鉴。例如，德国的《联邦建设法》规定，任何新建、扩建和改建项目都必须符合节能和环保的要求，日本的《都市再生特别措施法》通过立法明确了城市再开发的环保标准和绿色建设要求。我们可以结合自身实际，从中吸取有益经验，完善本国的绿色法治体系。同时，在借鉴国际经验的基础上，我们也要进行本土化创新，探索适合我国国情的绿色法治保障措施。比如，根据我国城市发展过程中面临的环境问题和挑战，制定针对性的环保法律法规和政策措施，探索更为灵活、高效的城市绿色规划和管理模式。

第六，绿色法治保障还需要与经济和技术手段相结合，共同发力，实现绿色法治的有效实施。单纯依靠法律手段难以解决所有问题，需要引入经济和技术手段，形成综合治理体系。经济手段可以通过设立环境税、排污收费等经济政策，激励企业和个人减少对环境的污染和破坏，推动绿色生产和消费。技术手段可以通过加大环保科技研发力度，提升城市规划和建设中的环保技术水平，推动城市绿色化进程。

## 三、环境保护条例对城市建设的约束

从法律层面上，对环境保护的严格要求和具体规定，为城市规划和建设提供了制度保障，明确了各方切实可行的目标和职责。一个国家或者地区的环境保护条例通常包括了对于空气质量、水质管理、噪音控制、垃圾处理以及土地利用等诸多方面的规定和指导原则。

其中，空气质量管理方面的规定极大地影响了城市建设的各个环节。条例要求在城市规划和开发过程中，必须优先考虑避免或减少空气污染的措施。例如，城市交通规划需要结合绿色出行的理念，促进公共交通的发展，增加步行和自行车专用道，减少私家车的使用。此外，建筑施工过程中也必须采取降尘措施，使用低排放的施工设备和材料，减少对大气的污染。工业企业在选址时必须考虑排放物的影响，安装合规的过滤和净化装置，确保其对周边环境和人群的影响降到最低。

水质管理是另一个与城市建设密切相关的方面。环境保护条例往往规定了严格的水资源管理和污染控制标准，要求城市在建设、发展过程中必须妥善处理污水，避免污染河流、湖泊和地下水资源。在实际操作中，这意味着城市需要建设高效的污水处理设施，采用先进的处理技术，确保污水排放达到环保标准。此外，雨水管理也是水质管理不可忽视的部分，绿色城市建设应当通过绿色基础设施，如雨水花园、透水铺装和生态湿地等，来增强自然对雨水的吸收和过滤能力，减少城市径流，防止雨水携带污染物进入城市水体。

噪音控制方面的法规同样对城市建设有深远影响。城市的快速发展常伴随着交通噪音、工业噪音、施工噪音等各类噪音的增加，而环境保护条例提出了明确的噪音标准和控制措施，要求不同区域根据其功能特点采取相应的降噪措施。在居民区、学校、医院等对噪音敏感的场所，应当设立噪音防护带，采取隔音降噪措施，比如建设绿化带和隔音墙，使用低噪音设备，限制夜间施工和高噪音工业活动。这些措施不仅有助于提高城市居民的生活质量，也让城市的整体环境更加健康、宜居。

垃圾处理条例直接影响着城市的清洁和卫生状况。环境保护条例往往规定垃圾的分类、回收和处理的具体措施和标准，要求城市建设配套完善的垃圾处理系统。从城市的规划设计阶段，就需要考虑包括垃圾收集点、转运站和终端处理设施等必备基础设施，同时引导和培养城市居民和企业的垃圾分类意识，提高垃圾回收利用率，减少固体废弃物的产生和堆积。此外，条例对建筑废弃物也提出了明确处理要求，强调再利用和资源化，减少传统的掩埋和焚烧处理方式，降低对环境的污染和资源的浪费。

土地利用的法规约束也是绿色城市建设的重要方面。环境保护条例通过对土地资源的合理规划和利用，防止过度开发和土地资源浪费。在城市规划中，应当预留足够的绿地和开放空间，保护自然生态系统，避免破坏性建设。条例强调保护基本农田、湿地、森林等生态敏感区域，提出严格的开发限制，坚决遏制土地违法行为。此外，城市更新过程中，往往鼓励旧城改造和旧建筑物的再利用，而不是大规模的推倒重建，以节约土地资源和减少建筑垃圾。

在这一系列条例和法规保障下，城市建设活动必须严格遵循环保标准，以实现环境与经济的协调发展。环境保护条例不仅提供了一个指导性的框架，还从法律层面严格约束了各方行为。在这些约束下，城市建设能够更加科学、合理、绿色地进行，从源头上减少环境污染和资源浪费，推动城市成为生态健康、宜居宜业的绿色城市。此外，环境保护条例还促进了新技术和新方法在城市建设中的应用，鼓励使用可再生能源、生态建筑材料、智能管理系统等，大幅提升了城市总体的可持续发展能力。

严格的环境保护条例对城市建设提出了更高的要求，同时也提供了有力的保障和推动力。通过这些法定的约束措施，城市可以避免过去那种"先发展后治理"的模式，走上科学、健康、可持续的发展道路。

## 四、能源使用和管理的法律框架

能源使用和管理的法律框架是保障城市可持续发展和居民健康、提高生活质量的基石。这一法律框架在宏观上涵盖了能源的生产、分配、使用和管理等方面的法规体系，旨在通过系统的法律约束，推动能源的高效使用和可再生能源的发展，减少对环境的负面影响，实现经济效益与社会效益的统一。

能源使用和管理的法律框架主要包括能源生产与利用的法律法规。这些法规旨在规范能源生产企业的运营行为，确保其在生产过程中遵守环保标准和节能标准。例如，政府通常会制定能源法，明确规定各种能源的生产标准、节能减排目标以及违反规定的法律责任。以中国的《能源法》为例，它涵盖了煤炭、石油、天然气、水能、风能、太阳能等多种能源的开发利用规定，突出了节能减排的要求。这类法律不仅有助于能源生产的规范化，还能够促进新能源和可再生能源的发展，减少城市对传统能源的依赖。

在能源使用方面，法律框架强调能源效率和节能措施的推行。各国政府通常会通过立法，强制推行一系列的节能技术和措施。例如，建筑法规中对新建建筑物的节能设计提出了具体要求，包括墙体保温、窗户密封、照明系统的高效节能设计等。这些措施，可以大幅降低建筑物的能耗。对于交通运输领域，法律要求推广使用清洁能源交通工具，减少传统燃油交通工具的数量，推动公共交通的发展，从而降低城市的整体能耗。工业方面，法律规定企业必须进行能耗评估，推广高效节能技术，减少能源浪费。

此外，能源使用和管理的法律框架还涵盖了能源分配和市场监管。在能源市场中，法规的作用是确保能源供应的稳定性和公平性。政府通常通过能源市场监管法，规范能源价格、供应链管理和分配机制，防止市场垄断和价格欺诈，保护消费者利益。例如，《电力市场监管办法》明确规定了电力公司在电价定价、用户用电计费等方面的行为规范，确保电力市场的透明度和公平性。在天然气市场，则通过法律限制天然气价格的涨幅，确保居民和企业能够负担得起能源费用。

在法制建设上，能源使用和管理的法律框架也涵盖了可再生能源的支持政策。政府通常会通过立法，提供财税优惠、补贴和技术支持，激励可再生能源项目的开发。例如，许多国家制定了《可再生能源法》，规定对太阳能、风能、水能等可再生能源项目提供财政补贴和税收减免，同时要求电网公司必须优先和接入使用可再生能源，以减少对化石燃料的依赖。这些措施，不仅能够促进可再生能源技术的进步和应用，还可以提升国家的能源安全性和可持续发展能力。

此外，加强能源使用和管理的信息公开和透明度也是法律框架的一个重要方面。政府要求能源生产和使用相关企业必须定期公开其能源消耗、排放数据，并接受公众和监管机构的监督。这种信息公开机制不仅可以增强公众对能源使用情况的了解，还能促进企业的自我监管和节能减排。例如，许多国家规定大型企业和公共机构必须每年报告其能源使用情况，并制订年度节能计划，确保能源使用的有效管理。

能源使用和管理的法律框架还注重国际合作和技术交流。各国通过签订国际能源合作协议，共同应对全球能源挑战，推动能源技术的研发和应用。例如，多个国家参与的《巴黎协定》明确了各国在减少温室气体排放、提高能源效率方面的共同责任，并制定了相应的监督和评估机制。通过这样的国际法律框架，全球能源问题可以得到更加有效的解决，同时也可以促进各国在法律、技术和政策方面的交流与合作。

在实际操作中，法律框架的执行和监管是确保其有效性的关键。政府通常设立专门的能源管理机构和执法部门，负责对能源使用和管理法律的实施进行监督和检查。一方面，这些机构通过定期检查和突击检查，确保企业遵守能源使用规定，对违法者实施罚款、限产等处罚措施；另一方面，这些机构还负责收集和分析能源使用数据，制定和调整能源政策，确保法律框架能够适应不断变化的能源形势。

# 五、绿色交通法规和实施现状

绿色交通法规不仅是实现绿色城市建设的重要保障，也是推动城市可持续发展的关键环节。绿色交通法规旨在通过法律手段对交通系统进行合理规范和有效管理，以减少交通对环境的不利影响、提升交通系统的整体效能、加强公众对绿色出行方式的认知和接受，最终实现绿色、低碳、可持续的城市交通体系。

绿色交通法规涵盖了广泛的领域，包括机动车排放标准、燃油质量标准、公共交通优先政策、绿色出行方式和步行设施建设等。机动车排放标准是绿色交通法规的核心内容之一，通过制定严格的排放限值，减少车辆尾气中的有害物质排放，从源头上控制交通污染。燃油质量标准则通过提升燃油品质，减少燃油燃烧过程中有害物质的产生，从而进一步降低交通对环境的负面影响。关于公共交通的优先政策，绿色交通法规不仅要鼓励公共交通的使用，还应通过法律手段保障公共交通的优先通行权，并通过财政、税收等政策工具，扶持公共交通基础设施建设和运营。对于非机动车和步行者，法规应要求城市建设中必须规划和建设完善的非机动车道和人行道，为公众安全、便捷、绿色的出行方式提供保障。

为确保绿色交通法规的有效实施，政府需要建立健全法规实施和监管机制。法规实施的关键在于严格的执法和科学的监管。一方面，应建立专门的环境保护和交通管理机构，赋予其充分的执法权力，形成多部门协作的执法机制；另一方面，利用现代信息技术手段，建立完善的监控体系，对交通污染源进行实时监控和管理，确保法律法规的贯彻落实。同时，还需要制定相应的处罚措施，对违反绿色交通法规的行为予以严惩，以起到震慑和教育作用，提高法规的执行力度和公众的守法意识。

政策扶持是推动绿色交通法规实施的另一个重要方面。政府应通过税收减免、财政补贴等手段，鼓励低排放和零排放车辆的研发、生产和使用，加大对新能源汽车的市场推广力度。对公共交通系统的运营和基础设施建设，应给予政策性扶持和资金支持，确保公共交通的便捷性和经济性，吸引更多市民选择公共交通出行。同时，还需建立有效的激励机制，鼓励社区、企业和公众积极参与绿色交通的建设和推广，共同为实现绿色城市贡献力量。

公众教育和宣传工作也是保障绿色交通法规实施的重要一环。通过广泛的宣传教育活动，公众可以提高对绿色交通的认识、增强环保意识和责任感、选择绿色出行方式。学校教育也应关注绿色交通的理念，从小培养学生的环保意识，使他们成为未来的绿色出行推广者。与此同时，企业和社区也应积极参与绿色交通的宣传和推广，从而共同推动绿色交通体系的建设和发展。

实施绿色交通法规不仅有助于改善城市空气质量，减少温室气体排放和城市交通拥堵，还能提升城市整体的生活品质和宜居指数。在一些发达国家和地区，绿色交通法规的实施和监管已经取得了显著成果，例如，德国和日本分别通过制定严格的汽车排放标准和推广高效的公共交通系统，有效减少了交通对环境的负面影响。我国在这方面也取得了一定的进展，但仍面临着法规体系不够健全、实施力度不够、公众参与度不高等问题，有待进一步完善和加强。

绿色交通法规的实施还需要国际合作和经验交流。全球气候变化和环境污染问题的共同挑战，需要各国共同努力，分享成功经验，推进绿色交通的国际合作。国际组织和多边合作机制，可以推动绿色交通法规的制定和实施，从而实现全球范围内的绿色交通体系建设。

# 第三节  提升绿色城市建设的政策与法规意识

## 一、政策与法规意识的重要性

提升绿色城市建设的政策与法规意识，对于推动绿色城市的健康发展，具有极其重要的意义。政策和法规是社会治理基本手段，是保证各项建设活动依法依规进行的重要支撑。在绿色城市建设的过程中，政策和法规意识不仅是项目执行方必须具备的基本素质，更是全社会需要共同提升的重要意识。它不仅影响规划的科学性和实施的有效性，还直接关系到绿色城市建设的整体质量和长期可持续发展。

第一，政策与法规意识的重要性首先体现在对绿色城市建设的指导作用上。绿色城市建设需要遵循严格的政策法规，特别是涉及环保标准、能源管理、土地利用等方面的法律法规。这些政策和法规为绿色城市建设设定了基本底线和标准，确保建设活动不会对环境造成不可逆的破坏，对资源的利用能够达到科学、合理的水平。没有政策法规的指导，绿色城市建设很容易出现无序发展、资源浪费、环境污染等问题，最终背离绿色城市建设的初衷。因此，政策和法规意识的提升，直接关系到绿色城市建设过程中各个环节和细节的科学性和规范性。

第二，政策与法规意识有助于提高绿色城市建设的透明度和公正性。绿色城市建设涉及多个利益相关方，包括政府、企业、居民及其他社会公众。在这样的多方博弈中，要保证各方利益的协调与平衡，政策与法规的公正实施显得尤为重要。政策和法规意识的提升，有助于保证信息公开透明，减少不公正行为的发生。公众在了解政策和法规的情况下，更容易参与到城市建设的决策过程中，增强建设过程的透明度。政策与法规意识提高后，居民和企业更容易接受和配合政府的绿色发展规划，找到共赢的建城之道。

第三，政策与法规意识在绿色城市建设中的重要性还体现为合规性和执法水平的提升。政策与法规不仅是白纸黑字写在条文中的内容，更需要具体的执行和监督。绿色城市建设项目的合规性决定了其能否顺利实施，而合规性的基础便是政策与法规意识的深入。每一个环节涉及的执法者、项目实施者、社会参与者，只有具备较高的政策法规意识，才能在自己的岗位上坚持按规章办事，杜绝任何可能出现的违规操作。因此，对政策和法规的深入理解和高度重视，是提高绿色城市建设项目合规性和执法水平的前提条件，能有效降低项目法律风险和减小实施阻力，让绿色城市建设更具规范性、合法性和持续性。

第四，在教育和培训方面，政策与法规意识的提升也显现出重要的价值。在推进绿色城市建设的过程中，相关人员如果不了解政策和法规，或对其存在误解，会直接影响工程的进度和质量。因此，通过各种形式的教育培训，强化政策与法规意识，是绿色城市建设进行过程中必不可少的环节。这不仅包括规划设计人员、施工单位工作人员，还包括项目管理者、公务员及社区居民等。他们都需要掌握一定的政策和法规知识，以便共同推动绿色城市的理念落到实处。

第五，政策与法规意识的提高也能有效防范和化解社会矛盾。在绿色城市建设过程中，城市空间、资源的再配置容易引发各种利益冲突，特别是因环境保护政策或法规的实施而带来的矛盾。例如，制定严格的环保标准可能会挤压部分企业的发展空间、限制他们的排放行为。当这些企业对于相关政策与法规缺乏足够的认知和理解时，容易产生抵触情绪，影响政策实施效果。如果全社会的政策和法规意识普遍提高，大家对绿色城市建设的总体目标和必要性就会有深刻的理解，便能更加理性地看待政策的出台和实施，减少不必要的对立和冲突，形成共识，共同致力于绿色城市的建设和发展。

第六，政策与法规意识的重要性还体现在绿色城市建设的创新和发展上。政策及法规不仅是红线和底线，还可以引导方向和激励创新。通过理解和把握政策及法规精神，城市规划者、建设者能够在限定的框架内进行创造性探索，寻求实施绿色发展的新思路、新技术和新模式。例如，一些城市在绿色建筑、智能交通、循环经济等领域的创新，都离不开对政策法规的深刻理解和积极响应。在政策和法规意识增强的情况下，创新与合规不再是对立关系，而是相辅相成，从而推动绿色城市建设更快、更好地前进。

通过提升政策与法规意识，社会各界不仅能够更加全面、透彻地了解绿色城市建设的方方面面，还能在实际工作和生活中有效应用。这不仅有助于提高资源效率、节约社会成本、减少环境污染，还能在更广泛的层面上推动全社会形成绿色、低碳的生活方式，共同建设和谐美丽的城市环境。政策与法规意识在绿色城市建设中所发挥的不可或缺的指导、监督和保障作用，不仅是政策制定者、执行者的重要素质，也是全体市民需要共同提升的意识。只有这样，才能在多方协作、共同努力下，建设出真正意义上的绿色城市。

## 二、社区与公众的政策法规教育

现代绿色城市建设强调全民参与和公共意识的提升，这种意识的普及与教育，有助于确保政策法规的有效实施以及公民的积极配合。

绿色城市建设的政策法规教育能够有效提升公众的环保意识。通过有针对性的教育，社区居民能够了解绿色城市建设的意义和重要性，会更积极地参与到环保活动中。具体来说，教育内容可以包括对城市规划、资源利用、能源消耗、废弃物处理等方面的深入讲解。通过宣传和学习，居民们能够深入了解这些政策法规的内涵和实质，并在日常生活中自觉遵守和践行，从而逐渐形成全民支持绿色城市建设的良好氛围。

要实现这样的目标，社区应当充分利用各种形式的宣传教育活动。例如，通过社区讲座、环保知识竞赛、政策法规宣传栏等方式，将绿色城市建设的政策法规具体化、形象化，让公众更容易理解和接受。同时，利用现代科技手段，比如通过社交媒体、官方网站、手机应用程序等渠道发布环保政策法规和实践案例，让政策法规的学习变得更加便捷和高效。

在社区层面，应通过建立并推广社区环保组织，鼓励居民参加志愿者活动，从而参与到绿色城市建设的实践中。通过实际的参与，居民不仅能够加深对政策法规的理解，还能增强他们的环保责任感。同时，社区管理机构可以推行绿色家庭、绿色社区评比等活动，激励居民在日常生活中落实绿色环保的理念，并通过宣传优秀的环保案例，树立榜样，引导更多居民参与进来。比如，可以组织定期的社区环保清洁日活动，让居民共同参与社区卫生清洁，同时学习如何做好垃圾分类、资源回收等。

学校教育在提升绿色城市建设政策法规意识方面同样不可或缺。在中小学阶段开设环保课程，让学生从小树立绿色环保的理念，并通过家庭作业和实践活动，把环保意识传播到家庭和社区。课堂教育可以深入讲解绿色城市建设的基础知识，以及相关政策法规，使学生不仅成为绿色城市建设的受益者，更成为积极的宣传者和实践者。定期开展环保主题周、绿色城市建设主题活动，可以培养学生的环保兴趣和科学探索精神，通过实际行动影响身边的人。

政府相关部门应承担起主导责任，与社区和学校共同合作，制定和实施有效的政策法规教育计划。为此，政府应提高政策法规的信息公开度和透明度，使公众能够及时、准确地掌握相关信息。同时，应加大对绿色城市建设政策法规的宣传力度，通过电视、广播、报纸、互联网等多渠道、多形式进行广泛的宣传报道，最大限度地扩大政策法规的影响力和覆盖面。

此外，定期组织专家讲座、政策法规培训班，引进专业的环保人士和政策法规专家，结合实际案例和新兴技术，对社区居民和相关从业人员进行培训，使其能够更全面、深入地理解和掌握政策法规的内容和实践方法。在此基础上，建立健全相关的监督、激励机制，促进政策法规的有效落实。居民的环保行为需要有相应的激励措施，社区可采用积分制，对积极参与环保活动的居民进行表彰和奖励，激发大家的参与热情。同时，针对违反环保法规的行为，成立专门的监督小组，加大检查和处罚力度，形成全社会共同监督、共同参与的良好局面。

## 三、专业培训与认证的重要性

绿色城市建设作为全球可持续发展的重要议题，需要一套完整且系统的政策与法规来指导和规范。这些政策与法规从理论、实践到执行各个层面都需要高素质的专业人才来贯彻落实。因此，针对这些政策与法规的专业培训与认证显得尤为重要。

专业培训不仅仅是知识的传授，更是技能的培养。在绿色城市建设中，很多政策与法规具有较高的技术含量，并且涉及多个领域的交叉知识。为了提升从业人员对于这些政策与法规的认识，专业培训需要覆盖法律、规划、建筑、环境科学等多个学科。通过系统的培训课程，学员可以深入理解与绿色城市相关的政策背景、法规条文以及执行细则。这种系统性的知识储备有助于他们在实践中准确理解和应用政策法规，避免因理解偏差而导致的项目失败或法律纠纷。

此外，专业培训通过案例教学能够帮助学员更好地理解绿色城市建设政策与法规的实际应用。现实中的政策法规往往不是孤立存在的，它们需要结合具体项目和具体问题进行综合应用。学员通过分析成功的和失败的案例，可以从实际出发，理解政策法规在具体情境中的操作步骤和注意事项。这种贴近实际的培训方式，能够有效提升学员的政策法规意识，使他们在面对具体问题时可以运用所学知识，采取科学合理的解决措施。

认证则是对专业知识和技能的正式认可。绿色城市建设涉及多种专业领域，每个从业人员都需要具备相应的专业素质和技能。通过认证制度，对从业人员的专业水平进行评估和肯定，可以保障政策法规的执行质量。认证不仅仅是对知识的考查，更是对从业人员在实际操作中能力的评估。通过认证，从业人员能够证明自己具备了与绿色城市建设相关的专业能力，这在很大程度上提升了他们对政策法规的自信心和重视程度。

在实际工作中，持有认证资质的人员往往具有更强的执行力和责任心。对于企业和政府部门来说，雇佣和委派持有专业认证的人员负责绿色城市建设项目，能够有效减少违规操作和项目风险。这种由专业培训和认证所带来的高素质人才队伍，在政策法规的贯彻执行中起到了重要的保障作用，有助于整个绿色城市建设事业的健康发展。

专业培训与认证不仅在提高个人层面的政策法规意识上有重要作用，还有助于整体行业的规范化和标准化发展。通过系统的培训和统一的认证，能够形成一套行业内广泛认可的标准和规范，这对于综合提升行业整体水平具有非常重要的意义。这种行业标准化的发展，有助于各级政府在制定政策法规时，有一个明确的参考和依据，也便于政策法规的实施和监督。

此外，专业培训和认证还能够增强行业的学术氛围和提高研究水平。在绿色城市建设领域，理论研究和实践操作相辅相成，只有通过不断的学术交流和研究深入，才能不断完善和更新政策法规体系。专业培训课程和认证考试中，往往包含大量的最新研究成果和前沿理论，这些途径可以不断把科学研究的最新进展引入实际工作，提高整个行业的创新能力和发展动力。

各地政府和相关机构在制定和实施绿色城市建设政策法规时，需要充分认识到专业培训与认证的重要性。针对不同层次和领域的从业人员，出台相应的培训政策和认证标准，有助于不断提升整体从业队伍的专业素质。此外，还应建立和完善持续教育和再培训机制，使得从业人员能够及时掌握政策法规的最新动态和行业发展的最新趋势，随时调整和更新自己的知识体系和操作技能，以应对不断变化的实际需求。

在全球化背景下，国际合作在绿色城市建设中也显得尤为重要。各国在这一方面的成功经验，具有很大的借鉴意义。国际合作，能够引进国外先进的培训课程和认证体系，提高我们的专业培训与认证水平。同时，参与国际认证，可以与全球范围内的同行建立联系，参与国际交流和协作，汲取他国经验和技术，提升自身的政策法规意识和执行能力。

# 四、多渠道政策法规宣传策略

在提升绿色城市建设的政策与法规意识这一过程中，多渠道的政策法规宣传策略是至关重要的。要做到这一点，需要采取综合性的方法，从不同角度、多样化的平台，以及多元化的受众群体入手，确保政策和法规能够传达到每一个角落，并真正被理解和接受。

　　利用大众媒体的广泛覆盖和强大影响力是一个行之有效的方法。电视、电台、报纸等传统媒体在传播信息、教育公众方面具有悠久的历史和可靠的效力。将绿色城市建设的政策法规通过这些渠道进行广泛宣传，可以直接触及不同年龄、职业和社会阶层的群体。例如，可以通过播出专题节目、新闻报道、政策解读等形式，详细介绍相关政策法规的内容及重要性，帮助公众加强理解认知。同时，报纸上可以刊登相关长篇幅文章和专栏，对政策法规进行深入剖析、解答公众疑问，这不仅提高了其可见性，还提高了政策法规的透明度。

　　与此相辅相成的是新媒体的革命性传播能力。互联网普及度日益增高，社交媒体和网络平台已经成为人们获取信息的重要途径。通过微博、微信公众平台、短视频平台等新媒体工具进行政策法规的宣传，可以实现快速、广泛的传播。这些平台的互动性强、传播速度快，能够迅速吸引公众的关注，并且通过点赞、分享、评论等功能实现信息的二次、三次传播，极大地扩大了政策法规的影响力。制作简明易懂的图文、视频、动画等多媒体内容，能够有效地吸引受众的兴趣，并以通俗易懂的方式传达政策法规，使受众更容易接受和理解。

　　面向特定群体进行教育和培训也是不可忽视的策略。举办各种形式的教育培训活动，如讲座、研讨会、培训班等，可以更加系统、深度地向特定人群传授绿色城市建设的政策法规。特别是对于公务员、城市规划师、建筑师、房地产开发商等相关从业人员，可以通过专业培训和继续教育，强化他们对政策法规的理解和运用。同时，在社区和学校中开展政策法规宣讲活动，能够从社区居民和学生层面提升政策法规的认知度。学生作为未来社会的建设者，通过他们的学习和传播，也能够间接影响家庭和社会的政策法规意识。

　　借助各种公共活动和节日庆典，也是提高政策法规意识的创意手段。在城市的公共场所举行绿色城市建设主题展览、环保节、公益活动等，结合实际案例和互动式体验活动，向市民普及政策法规知识，可以有效调动市民的参与热情，让他们在轻松、愉快的氛围中学习和了解相关内容。这种非正式的学习环境往往可以更大地激发人们的兴趣和关注度，从而增强政策法规的传播效果。

　　政府相关部门的直接参与和支持是政策法规宣传成功与否的关键因素。政府应当设立专门的宣传机构或人员负责统筹协调政策法规的宣传工作，制定科学、合理的宣传计划和策略，评估宣传效果，并根据反馈及时调整宣传步骤。通过持续的政策公告、官方声明以及各类政策发布会，政府可以定期向公众传达最新的政策法规动态，确保政策法规信息的及时、准确传递。同时，政府还可以通过公共服务平台、政府网站、政务App等，提供便捷的政策法规查询和咨询服务，让公众能够方便地获取和学习政策法规内容。

基层组织和社会团体的积极参与同样不可忽视。社区居委会、物业管理公司、环保组织等基层单位是政策法规落实的最后一公里，通过这些单位在基层开展细致的宣传和普及工作，可以更全面地覆盖到每一个层级的社会群体。开展基层宣传，可以采用讲座、发放宣传资料、张贴公告等多种形式，保证政策法规能够触及每一个家庭和个人。

此外，作为政策法规宣传的一部分，应当重视政策法规的实践案例和成效展示。通过展示绿色城市建设中的优秀案例和实际成效，公众可以看到具体的项目如何因为政策法规的引导而实现，能够大大提高政策法规的公信力和说服力。例如，通过纪录片、专题报道、案例剖析等形式，让公众了解绿色建筑、海绵城市、绿色交通等具体项目的运作和成果，这种实实在在的成效展示，不仅提升了公众对政策法规的认同感，也激发了公众参与绿色城市建设的意愿和积极性。

# 五、提升政策执行力的实践案例

一个成功的绿色城市建设政策执行案例是某城市的新型绿色建筑条例。该条例通过明确的法律文本，将多个绿色建筑标准融入城市建设的各个方面。为保证这些条例能够真正实施，政府采取了多种措施。首先，政府通过多次公开咨询和听证会，广泛听取市民、环保团体、开发商和建筑师等各方的意见，从而制定出一个既具前瞻性又具有可操作性的条例。其次，政府加大了对于绿色建筑技术的宣传和教育力度，通过举办各种培训班和讲座，提高建筑从业人员和市民对绿色建筑的认识和理解。这些培训不仅包括理论知识的讲解，还涉及实际操作的培训，如怎样合理设计太阳能系统、怎样选用环保材料等。

在该城市，政策执行的一个亮点是智能监管系统的应用。政府部门利用先进的物联网和大数据技术，建立了一个集成式监管平台。该平台涵盖了从建筑设计、施工到验收的全过程，所有相关数据均被实时上传至平台，由专业人员实时监控和分析。这不仅提高了监管效率，还大大减少了人为干预的可能性，从而确保了政策的公正实施。同时，政府也设置了严格的问责机制，明确规定了各部门、各岗位的责任，并通过绩效考核，将绿色建筑政策执行的成果纳入政府工作人员的评价体系。

另一个提升政策执行力的实践案例来自一个沿海城市的海绵城市建设。为了应对日益严重的城市内涝问题，本地政府出台了一系列相关政策，要求新建道路、公园和广场等公共设施必须符合海绵城市建设标准。这些政策包括使用多孔材料、增加绿地和水体的比例，以及建设雨水收集和再利用系统。为了使这些政策落地，政府不仅在制度上进行了详细的规定，还设立了专项资金，鼓励企业和个人参与相关项目。在政策宣传方面，政府通过多渠道的信息发布，设立了专门的咨询服务窗口，制作了大量科普宣传资料，还在当地的中小学推广海绵城市的知识教育，从小培养市民的环保意识。

为了增强实施效果，政府也建立了公众参与机制，通过定期举行市民代表会议、专家研讨会等方式，广泛收集各方意见，并在政策制定和调整中充分体现这些意见。这不仅提高了政策的科学性和适用性，也提高了政策的透明度、提升了市民对政策的认同感和支持度。与此同时，政府部门也加强了与科研机构、高校和企业的合作，通过技术创新和应用实践，推动海绵城市建设技术的不断完善。

在政策执行过程中还存在着激励和惩罚机制的应用。某市在实施一项城市绿地扩展计划时，采取了"奖惩结合"的策略，显著提升了政策的执行力。具体而言，政府对那些在规定时间内达成绿地扩展任务的地区，给予财政补贴和税收优惠，同时对超额完成指标的地区领导和项目负责人，给予公开表彰和提升职务的机会。反之，对未能按时完成目标或者执行不力的地区，则应采取一系列严格的处罚措施，包括削减年度财政预算，对责任人进行问责和降职处分。这种奖惩分明的机制，极大地激发了各基层单位和个人执行政策的主动性和积极性，确保了政策的有效落实。

　　通过上述具体案例可以看到，提升绿色城市建设的政策执行力，是一个系统工程，需要从多个层面入手。政策的制定要科学、合理，切实可行；政府部门要加强宣传教育，提高公众对政策的认知和支持；要利用先进技术手段，提高监管水平，确保政策的严格落实；同时，还需建立奖惩机制，激励各方积极参与和履行政策。这些措施的综合运用，不仅提升了政策的执行力，还为绿色城市建设奠定了坚实的基础。各地可根据自身的特点和需求，借鉴这些成功的经验，因地制宜地制定和实施绿色城市建设的政策，以实现可持续发展的目标。

# 第四章

# 基于绿色发展理念的教学策略研究

## 第一节　教学目标的设定和达成

### 一、教学目标设定的原则

在绿色发展理念的背景下，教学目标的设定需要综合考虑多个层面的因素，从理念、内容到方法，精细化思考各个环节，确保教学的科学性、系统性和针对性。

教学目标的设定需符合国家教育政策和绿色发展理念的要求。国家在推行绿色发展的过程中，明确提出教育必须培养具有环保意识、可持续发展理念的综合型人才。因此，教学目标的设定需紧扣这些政策导向，确保学校教育不仅仅停留在知识传递层面上，更在环保理念、绿色生活方式、生态文明建设等方面培养学生的认知和实践能力。例如，在教学内容中融入节能减排、资源循环利用等绿色发展理念，并通过实验、实践活动将这些理念内化为学生的行为准则。

教学目标的设定需要具备针对性和层次性。不同年级、不同课程的教学目标应有明确的区分，才能做到因材施教、循序渐进。对于低年级学生，教学目标的设定更多是从兴趣引导、基础知识的灌输入手，譬如通过动画、游戏等形式激发学生对绿色发展的兴趣；而对于高年级学生，则可以增加理论深度和实践要求，例如课题研究、项目设计等，以培养学生的创新能力和实际操作能力。而在专业课程如环境科学、资源管理等领域中，教学目标更应详尽、专业，确保学生能够掌握系统知识以及解决实际问题的能力。

教学目标的设定应体现综合性和跨学科性。绿色发展本身就是一个综合型的理念，涉及环境学、经济学、社会学等多个学科领域。因此，教学目标不应仅局限于环境保护这一单一视角，还应融入经济结构优化、可持续发展规划、社会公平等多方面内容。例如，在地理课堂中，除了教授地理知识，还可以深入探讨地理资源的绿色开发利用；在经济学课堂中，融入绿色经济、循环经济的概念，探讨绿色经济模式的构建与实施路径。这有助于学生形成更加全面、系统的绿色发展知识体系。

教学目标设定的原则还强调实践性与理论性的结合。绿色发展理念不仅仅是一种理论，更需要通过实际行动来践行。因此，教学目标的设定不能仅停留在理论知识的灌输上，更应注重实践环节的设计和实施。例如，在课程设置中增加社会实践、环境保护义务劳动、绿色项目设计与实施等内容，让学生在实际行动中深入理解和践行绿色发展理念。通过在真实情境中的实践，学生不仅加深了对知识的理解，而且培养了具体问题具体分析与解决的能力。

教学目标设定的原则还包含评价与反馈机制的设立。科学合理的教学目标不仅需要设定明确，而且在实施过程中需要不断检测和反馈，以确保目标的达成和修正。设置多样化的评价指标和方法，如通过考试、项目汇报、实践成果展示、学生自评和互评等多种形式，全面评估学生的学习效果。同时，教师应定期对教学目标的设定和达成情况进行反思，根据反馈结果不断调整和优化教学目标和策略，确保教学始终保持科学性和有效性。

在制定教学目标时，强调整体和个体统一。在绿色发展理念指导下，教育不仅是培养个体的知识和能力，更是在为整个人类社会的可持续发展做准备。因此，设定教学目标时要兼顾学生个体的发展与集体的进步。教师应关注每个学生的兴趣和特长，提供差异化的教学内容和方法，激发学生的主观能动性和个性化发展。同时，通过集体项目、团队合作等方式，培养学生的团队精神和社会责任感，从个体的"小我"拓展到集体的"大我"，从而形成绿色发展理念在个体和集体层面的协同推进。

在设定教学目标时，还需考虑时代发展的动态性。随着科技进步和社会发展，绿色发展理念和实践也在不断演变和深化。因此，教学目标的设定不能一成不变，要具有前瞻性和灵活性。教师应密切关注绿色发展的最新动态，及时更新教学内容和目标，将新理念、新知识引入课堂。例如，可以设置每学期的专题讲座、绿色发展前沿讨论会等，帮助学生了解最前沿的绿色发展动态，培养他们的创新意识和前瞻性视角。

## 二、教学目标与学生需求匹配

教学目标的设定不仅是绿色城市建设理论研究与教学实践中的重要步骤，更是课堂教学中不可或缺的环节。一个清晰、具体、符合实际的教学目标，能够为教师的教学活动提供明确的指引方向。然而，更加重要的是这些教学目标需要匹配学生的需求，学生才是教育活动的主体，教师必须理解并满足其学习需求和期望，才能切实提升教学效果和学生的学习体验。

在探讨教学目标与学生需求匹配的过程中，需要从认识学生需求入手。这不仅包括学生对知识和技能的需求，还包括他们对个体成长、心理发展、社会适应等方面的需求。学生的需求是多元且动态变化的，给教学目标的设定带来了挑战。如何准确捕捉到学生的真实需求，是实现教学目标与学生需求匹配的基础。

要实现这一点，需要对学生需求进行调查与分析。通过调查问卷、面谈、观察等方式，获取学生在学习过程中遇到的困难以及他们希望通过学习达到的目标。一方面，通过这些数据，可以综合分析学生的群体特征、知识背景、兴趣爱好、学习动机等信息，为制定教学目标提供依据。另一方面，也需要借助大数据分析工具，利用现代信息技术手段，如学习管理系统（Learning Management System，LMS），获取学生在线学习行为的数据，从而跟踪和分析学生的学习轨迹和学习模式，准确把握学生的个性化需求。

在获取并分析了学生的需求后，教学目标的制定必须考虑如何在有限的课堂时间内，最大化地满足学生的各种需求。应该尽量将教学目标设定得具体和可操作，避免过于笼统和空洞。具体来说，教学目标应具有可测量性和可实现性。例如，在绿色城市建设课程中，可以将一部分教学目标设定为学生能够了解和掌握绿色建筑设计的基本原理，另一部分目标可以设定为培养他们运用这些原理解决实际问题的能力。这样的教学目标既涵盖了基础知识获取的需求，又考虑了高阶技能培养的需求。

此外，教学目标的设定应与学生的认知水平相匹配。不同层次的学生对知识的理解和掌握程度是不同的。因此，教学目标的设定需要分层次进行。对于初学者，可以设定一些基础性和启发性的目标，如掌握基本概念和理论；对于有一定基础的学生，可以设定更高层次的应用和实践目标，如独立完成一个绿色建筑设计项目；而对于高水平的学生，则可将目标设定为创新和研究，如围绕某个绿色城市建设热点话题开展深入研究并发表论文。这样的分层次目标设定能够充分照顾到不同层次学生的需求，确保所有学生在自己的起点上得到发展。

教学目标还需要兼顾学生的兴趣和动机。学生对某一领域的兴趣直接影响其学习投入的程度。而动机则是推动其持续学习和发展的内在驱动力。因此，教学目标的设定需要考虑如何激发学生的兴趣和动机。例如，可以通过设置一些与实际生活和未来职业密切相关的目标，引导学生由感性认识向理性认识过渡，激发他们的学习兴趣和探索欲望。在绿色城市建设理念的教学中，可以设置一些与当前环境保护、城市可持续发展相关的实际问题为目标，吸引学生关注现实问题，从而提高他们的学习动机。

不仅如此，教学目标的达成需要借助多样化的教学策略和手段。根据学生的需求，设计不同的教学活动和任务，引导学生通过实践和探索来实现学习目标。例如，通过项目学习、案例分析、现场考察等多种方式，学生在真实情境中应用所学知识，解决实际问题，进而真正理解和掌握绿色城市建设的概念和原理。教师也应采用灵活多变的教学方法，如分组讨论、角色扮演、模拟实验等，以满足不同学生的需求，帮助其实现个人的学习目标。

此外，教学目标与学生需求的匹配还需要动态调整和反馈机制。在教学过程中，教师应及时收集学生的反馈意见，了解学生在实现教学目标过程中遇到的困难和存在的问题，及时调整和改进。教师可以通过课堂提问、学习日志、课堂观察等方式实时了解学生的学习进展，灵活调整教学策略，确保教学目标的达成。同时，还应建立完善的反馈机制，通过定期的学情分析、教学评估等方式，不断反思和完善教学目标的设定，为下一阶段的教学提供依据和指导。

## 三、教学目标的多维度设定

在设定绿色发展理念下的教学目标时，教师需要综合考虑多个维度，才能确保教学过程的全面性、科学性与有效性。教学目标的多维度设定主要包括知识维度、能力维度、情感维度和社会责任维度，这四个维度在绿色城市建设的教学中各有侧重，同时彼此互为补充，共同构成了完整的教学目标体系。

就知识维度来说，绿色发展的理念强调可持续性、生态友好和资源高效利用。因此，在制定教学目标时，必须确保学生掌握与绿色城市建设相关的基础理论知识和前沿成果。具体来说，教学目标应涵盖生态学基础知识、环境科学、绿色建筑技术、城市规划与设计原则等多方面内容，要求学生了解并掌握绿色发展的重要意义，并能够将这些知识应用于实际问题的分析和解决。这一维度的目标还能确保学生在绿色城市建设方面具有系统的理论框架，从而为进一步学习和创新奠定坚实的基础。

能力维度的设定则侧重于培养学生的实践和创新能力。在绿色城市建设领域，解决实际问题的能力尤为关键。例如，教学目标应明确要求学生能够运用多学科知识进行绿色城市规划与设计、能进行环境影响评估、能制定可行的绿色发展方案，同时具备团队合作和项目管理能力。具体来说，教学活动可以包括项目式学习、实地考察、实验操作等多种形式，使学生在实际操作中深化对理论知识的理解，并激发他们的创新思维。此外，还应注重培养学生的信息收集与处理能力、系统分析能力以及决策能力，确保他们在未来的职业生涯中能够应对复杂的环境和挑战。

情感维度则关注学生在绿色城市建设中的价值观培养和情感体验。绿色发展理念不仅是技术和方法的问题，更是社会和文化价值的体现。因此，教学目标应明确学生在学习过程中内化可持续发展的价值观，增强对自然环境的尊重和热爱，以及对社会公平的关注。这可以通过多姿多彩的教学方法和活动实现，例如与环境保护组织合作开展公益项目，组织绿色主题教育活动，邀请行业专家进行专题讲座等。通过这些情感体验活动，学生能够真正认识到绿色发展的重要性，并愿意将这种理念融入自己的生活和工作中。

社会责任维度强调学生在绿色城市建设中的社会责任感和使命感。教学目标应要求学生理解绿色发展不仅是为了生态效益和经济效益，更是为了社会整体福祉的提升。学生需要认识到自己在未来职业生涯中所扮演的角色和所承担的责任，明白自己每一个决策和行动对于社会和环境的影响。因此，在课程设计中，教师应特别注重将社会责任教育融入教学目标，通过案例分析、服务学习、社会实践等形式，让学生在实际行动中体验和感受到社会责任的重要性，从而激发他们为绿色城市建设贡献力量的信念和动力。

在多维度教学目标的设定过程中，教师还需要不断进行反馈和评估，以确保这些目标真正达成。通过多种评价方式，如测试、论文、项目报告、实践评估等，及时了解学生在不同维度上的学习效果和问题，灵活调整教学内容和方法，以实现最优的教学效果。此外，教师还应鼓励学生进行自我评估和反思，在学习过程中逐渐成为主动的学习者和积极的参与者，这对于培育全面的绿色城市建设人才至关重要。

## 四、教学目标的动态调整

绿色发展理念动态且复杂，涉及环境保护、资源利用、经济发展、社会公平等多维度内容，而教育目标不能仅仅是静态的、单一的，而是应该能够灵活适应这些变化和需求的多样性。

在设计绿色城市建设的教育课程时，教学目标不应仅限于让学生掌握理论知识，更需要培养他们的实践能力和创新精神。这包括对环境问题的敏锐感知、解决问题的实际能力以及对绿色发展的深度理解。而这些目标的达成需要依赖于对教学目标的不断调整和优化。动态调整教学目标，意味着这些目标要能够及时反映实际需要和教育对象的个体差异，从而达到因材施教的效果。

绿色城市建设作为一个前沿学科，发展的速度和方向具有不确定性，相关政策法规、科技进步，甚至社会公众的环保意识都会对其产生影响。因此，教师需要根据最新的政策和趋势，通过多种渠道（如学术会议、专业期刊、网络资源等）获取信息，调整教学目标。例如，新的环保政策出台，教师需要迅速调整课程内容，将新政策融入教学目标中，以保证学生获取最新最全的信息资源，从而培养出符合时代需要的绿色城市建设人才。

教学目标的动态调整还需考虑学生的认知能力和兴趣爱好。绿色城市建设课程涉及大量跨学科知识，学生的理解能力存在差异，教师需要不断地检测和评估学生的学习进度和理解程度。通过反馈机制，收集学生对教学内容的理解、存在的疑问以及他们的学习态度，并在此基础上适时调整教学目标。例如，当发现大多数学生对某一专题的理解存在困难时，可以将目标适当降低或将该内容划分为多个小目标，逐步达成；反之，对于学习能力较强的学生，可以设置更高的学习目标，如鼓励他们进行课外的专题研究，以激发他们的兴趣和潜能。

教学资源的变化也是需要动态调整教学目标的一个重要因素。教学资源的丰富和更新，可以为教学目标的实现提供更好的工具和手段。互联网和多媒体技术的发展，为教学提供了丰富的资源，如环保虚拟实验、在线环保论坛等，这些新型教学资源不仅能够增强学生的学习兴趣，也能提供更具体和实际的案例分析，从而帮助学生更好地理解和掌握绿色城市建设的理念。因此，教师需要依据新的教学资源对教学目标进行调整和优化，使其更加契合实际教学需要。

教学目标的动态调整还应注重实际应用能力的培养。绿色城市建设不仅是理论研究，更是实践领域的需要。教师需设置与现实紧密结合的教学目标，如组织学生参与实际的绿色城市建设项目，进行调研考察，甚至可以邀请行业专家开展专题讲座或工作坊。这不仅能加深学生对理论知识的理解，还能培养他们的实际操作能力和团队协作能力。通过这些教学活动，学生能够将所学知识应用于实际，提升综合素质，这也是教学目标动态调整的具体体现。

动态调整教学目标还有助于形成一个反馈和改进的闭环系统。教师应建立一个持续的评估和反馈机制，定期对教学效果进行评估，获取学生的反馈意见，并据此不断优化教学目标。教师与学生之间建立畅通的沟通渠道，及时了解学生的学习感受和需求，确保教学目标的调整能够切实满足学生的学习需要，提升教学效果。同时，教师还应根据评估结果，对教学方法和手段进行相应调整，以更好地实现教学目标。

动态调整教学目标不仅是教师需要不断学习和提升的过程，还是一个教育创新的重要体现。在绿色城市建设教育中，教师要有创新思维，积极探索新的教学模式和方法，将绿色发展理念与教育紧密结合，通过不断调整和优化教学目标，确保教育与社会发展的同步性和前瞻性。教学目标的动态调整可以在整个教育体系内形成良性循环，实现绿色城市建设理论与教学实践的有机结合，培养出能够应对未来挑战的绿色城市建设专业人才。

# 第二节　教学内容的选择和组织

## 一、绿色发展理念的课程内容筛选

绿色发展理念的课程内容筛选在绿色城市建设教学中具有关键性的作用，旨在通过科学合理的内容选择和组织，帮助学生建立全面系统的绿色发展知识体系，并在实践中有效应用。

绿色发展理念是一种强调生态文明、环境保护和资源节约的综合发展观念。这一理念的基础离不开生态学、环境科学、经济学和社会学等多学科的交叉融合。为了让学生深入理解并掌握这一理念，课程内容的筛选必须覆盖多方面的知识，不仅包括基本理论，还涵盖具体实践及其在不同领域的应用。这一教学过程要有助于学生认识到绿色发展不仅是一种发展模式，更是一种社会责任和未来发展的必然方向。

在课程内容的筛选上，应关注绿色发展理念的核心理论知识。包括但不限于可持续发展、生态文明的基本概念、绿色经济和循环经济的理论框架。这些基本理论是绿色发展理念的支柱，其教学目的是帮助学生理解绿色发展的内涵、发展历史及其全球化趋势，培养学生从全局视角认识环境问题、资源问题和发展问题的能力。

同时，课程内容应包括绿色发展理念的政策和法规部分。绿色发展的推动离不开政府和国际组织的政策支持。如《巴黎协定》《2030年可持续发展议程》等国际协议，国家级的《环境保护法》《节约能源法》及各类绿色发展政策。在教学中，应详细讲解这些政策和法规的内容，分析其实施背景、主要措施及实际效果。通过案例分析和政策解读，学生能够掌握如何通过政策工具促进绿色发展，并能在未来职业中合理利用这些政策工具。

生态城市设计与规划是绿色发展理念的重要实践领域，必须在课程内容中有所体现。课程应涵盖生态城市规划的原则、方法和案例分析，如生态街区的设计、绿色建筑的标准、低碳城市的建设规划等。在实际教学中，引入国内外典型的生态城市案例，通过实地考察、项目设计等方式，学生可以亲身感受到绿色发展理念在城市建设中的具体应用。生态城市设计与规划还应结合现代科技手段，如智慧城市的建设、大数据在城市管理中的应用等，以增强学生对现代绿色城市建设手段和工具的理解。

绿色经济是绿色发展理念的重要组成部分，因此，课程内容应包括绿色经济和循环经济理论及其实践。绿色经济强调经济发展与环境保护的结合，循环经济强调资源的高效利用和循环利用。教学中应具体讲解绿色经济的评价指标、绿色产业的种类及其发展模式，探讨绿色金融、绿色投资等支持绿色经济发展的手段。同样重要的是，学生需要了解企业如何通过绿色供应链和绿色营销推动企业发展，实现经济效益与环保效益的双赢。

在能源与资源管理方面，课程内容需要包含可再生能源的种类、技术及其发展现状，如太阳能、风能、地热能、生物质能等。详细讲解能源转换技术、能源储存技术及其应用，通过案例分析了解国内外在可再生能源开发利用方面的成功经验和挑战。资源管理的内容应包括水资源管理、土地资源管理、矿产资源管理及生物多样性保护、固体废弃物处理和资源化利用等方面，帮助学生全面了解如何通过科学管理，实现资源的可持续利用。

环境保护和污染防治是绿色发展的重要内容，也是课程设计中的重点。应详细介绍环境保护的基本理论和方法，污染源分析、污染治理技术及其应用领域。如空气污染控制、水污染治理、土壤修复、固体废弃物处理技术等。在课程中可以结合案例教学，分析污染防治措施的实施效果及其对环境改善的贡献，理解科技在环境保护中的角色，感受科技进步对于绿色发展的积极影响。

社会参与和公众教育也是实现绿色发展的必要途径。在课程内容设计中，还应当重视社会治理和公众参与，例如讲解公众在环境保护中的角色、公众环境意识的培养、社区环保活动的组织等。此外，还要介绍绿色发展过程中的利益相关者分析与协调、公众咨询和环境教育的方法和实践，通过模拟场景、实际演练等方式培养学生在未来实际工作中与公众互动和沟通的能力。

课程内容的筛选还应关注前沿和热点问题，并且要与时俱进。如气候变化及其应对策略、绿色科技的创新与发展、国际合作与绿色治理等。在教学中要引导学生关注最新的科研动态、政策变化和技术发展，培养他们分析和解决绿色发展实际问题的能力，鼓励他们创新思维，并为绿色事业的未来发展贡献力量。

## 二、跨学科教学内容的整合

跨学科教学不仅能丰富学生的知识结构，还能培养他们的综合思维能力和解决复杂问题的能力。绿色发展理念强调生态、经济、社会各方面的协调发展，这种理念本身就是一种跨学科的思维方式，也要求教学内容的选择和组织能够反映这一特点。

为了能够全面地整合跨学科教学内容，教师一是需要了解绿色发展理念的核心内容与内涵。这意味着不仅要考虑环境科学，还要涉及经济学、社会学、政策研究、工程技术等多个学科领域。通过理解不同学科在绿色发展中的角色与贡献，教师能够设计出系统性的教学内容。例如，气候变化问题可以从大气科学的角度探讨温室气体的产生与影响，从经济学的角度研究碳排放交易机制，从社会学的角度分析气候变化对不同社会群体的影响，从工程学的角度提出新能源技术解决方案。这样的一体化教学内容有助于学生从多角度、多层次理解绿色发展问题。

二是整合跨学科教学内容需要综合运用多种教学方法，以确保学生能够有效地掌握复杂的知识。案例教学法是一个有效的工具，通过具体案例，学生能够了解到绿色发展在不同背景下的应用。例如，可以分析一个绿色建筑案例，探讨其设计理念、使用的环保材料、节能技术以及投入产出比等，从而使学生综合运用建筑学、材料科学、经济学等相关知识。项目式学习也是一种有效的方式，通过亲自参与绿色城市建设项目，学生可以在实践中检验所学知识，并获得实战经验。同时，模拟实验、互动讨论和角色扮演等方法也能帮助学生更好地理解和应用跨学科知识。

三是跨学科教学内容的有效整合还需要建立学科之间的连接点。不同学科的知识和方法虽然各有特色，但在解决绿色发展问题时，往往需要它们之间的相互配合。通过找出这些连接点，教师可以设计出具有内在逻辑联系的教学内容。例如，在讲解绿色经济时，可以结合环境科学中的生态系统服务概念，解释经济活动对生态系统的影响，进而引出生态补偿机制和绿色金融的概念。这种方式既能让学生理解经济活动与环境保护的关系，又能通过对具体机制的探讨培养他们的系统思维。

四是教师在整合跨学科教学内容时，还应注意引导学生开展自主探究和团队合作。绿色城市建设涉及的问题复杂多样，单靠个人的力量难以完全解决。这就需要培养学生的团队协作能力和自主探究能力，通过分组合作、项目研究等方式，让学生在跨学科团队中共同探索，发挥各自的专业优势，找到综合性的解决方案。例如，在研究一个城市的交通系统时，学生可以分成几个小组，每组负责不同的方面，如交通流量分析、环境影响评估、居民出行需求调查等，最后进行汇总和讨论，形成一个完整的解决方案。

五是跨学科教学内容的整合还需要注重学生的全面发展。绿色发展不仅是知识和技能的问题，还涉及价值观的培养和责任感的提升。在教学中，教师应注重引导学生理解绿色发展的伦理和社会责任，鼓励他们积极参与环境保护和社会公益活动，通过实际行动践行绿色发展理念。通过开展环保志愿者活动、参观环保企业和组织、邀请专家讲座等多种形式，学生在理论学习之外，更多地接触实际问题，增强社会责任感和实践能力。

通过上述方法，教师可以有效整合跨学科教学内容，使学生不仅掌握绿色发展所需的多学科知识，还能培养其综合思维能力、团队合作精神和社会责任感。这样的教育模式不仅有助于培养绿色城市建设的专业人才，也为促进绿色发展理念的普及和应用奠定了基础。跨学科教学内容的整合，既是一种教学策略，也是一种教学理念的升华，值得在绿色城市建设教育中广泛推广和应用。

# 三、本土化教学内容的设计

设计本土化的教学内容，需要针对本地独特的地理、气候、生态与文化背景进行充分的调研。在这一调研基础上，可以选取一些具有代表性的案例和项目，作为教学内容的核心素材。这些案例和项目应当能够生动地展示绿色城市建设在具体实施中的方法和效果，产生直观的教育效应。

本土化教学内容应该突出本地的环境问题和城市发展需求。在设计教学内容时，应仔细分析城市的生态脆弱性、资源利用效率、能源消耗和废弃物管理等方面的问题，帮助学生理解本地城市在环境保护和可持续发展方面所面临的具体挑战。与此同时，基于这些问题设计的教学活动，可以让学生通过亲身实践和参与型研究，激发他们的学习兴趣和责任感，从而使他们在理论学习与实际操作中得到全面的发展。

在教材编写中，融入本地成功的绿色建设案例以及生态恢复项目，将使抽象的理论内容更加生动具体。例如，教材可以介绍本地化的雨水收集系统、绿色建筑、城市绿地规划、废弃物资源化处理等实际项目，让学生直观地感受到绿色城市建设带来的社会和环境效益；可以引导学生进行项目式学习，组织他们参观这些实际项目，设计相关的课题研究，分析其设计理念、技术应用、运营模式及其对环境和社区的影响。

设计本土化教学内容还需充分考虑本地文化特色和社会习俗。例如，在某些地区，传统的建筑风格和居住习惯具有深厚的文化背景，而现代化的绿色建筑设计应兼顾这些传统，使之与环保理念相融合。在教学中，可以通过讨论和小组项目，探究如何将本地传统建筑的优势与现代绿色技术相结合，在最大限度地保护当地文化遗产的同时，提升城市的可持续性。

还需要关注本地植物的多样性和适宜性。在绿色城市建设中，选择适合本地生长的植物，有助于维护生态平衡、提高植被存活率、减少养护成本。教学中，可以组织学生对本地植物进行分类研究，了解各类植物的生态特点和应用环境，这不仅能增强他们的自然科学知识，还能提高他们在未来工作中进行生态规划的专业能力。

本土化的教学内容应引导学生关注本地社区的参与和利益。在绿色城市的建设过程中，社区居民的支持和参与至关重要。在教学中，可以设置一些模拟社区参与的情景和活动，例如，通过社区访谈、问卷调查等方法，了解居民对于绿色项目的态度和需求，组织模拟的社区会议，让学生扮演不同角色，协调公共利益和环保利益的平衡。

结合本地高校和科研机构的专项研究，形成具有本地特色的教学资料库。在本土化教学内容设计中，可以与高校、科研机构和地方政府合作，获取大量第一手的研究资料和数据。在教学中利用这些资料，显示研究的最新进展和动态，无论在理论深度还是实践经验方面，都能为学生提供宝贵的智力资源和学习素材。

为了达到最优的教学效果，本土化教学内容的评估与反馈机制必不可少。教师在设计和实施本土化教学活动后，需及时收集学生的反馈意见和学习成果，通过教学评估和反馈不断调整和优化课程内容和教学方法。设立适当的评估标准和指标，帮助学生明确学习目标，跟踪学习进度和效果，从而真正实现教学相长、师生共进的教育目标。

# 四、案例研究与实践内容的选择

案例研究与实践内容的选择是绿色城市建设教育中一个至关重要的环节，它不仅是引导学生深入理解理论知识的重要途径，更是培养学生解决实际问题能力的有效手段。在绿色发展理念下，必须既注重案例内容选取的合理性和代表性，又要确保实践内容的多样性和操作性，以达到最佳的教学效果。

案例研究的选择必须以真实且具有代表性的案例为依托，这些案例可以是国内外成功的绿色城市建设实例，也可以是一些问题突出的反面案例。通过对这些案例的深入分析，学生可以更好地理解绿色发展理念在实际中的应用和挑战。例如，瑞典的马尔默市是绿色城市建设的一个典型案例。该市通过大规模的城市改造项目，实现了由废弃工业区向生态宜居社区的转变。学生通过研究这样的案例，不仅可以理解绿色基础设施建设的具体措施，还能体会到政策支持和社区参与在绿色城市建设中的重要性。教师在选择反面案例时，可以选择那些因缺乏科学规划和管理而导致生态环境恶化的城市，通过对这些案例的分析和反思，引导学生认识到绿色发展理念的重要性和必然性。

在选择案例研究的内容时，应注重其多样性和全面性，以帮助学生从多个角度认识和解决问题。案例研究内容可以涵盖城市规划、建筑设计、交通管理、能源利用、水资源管理、废弃物处理等多个方面。例如，在城市规划方面，可以选择一些成功将绿色空间融入城市布局的案例分析其成功经验；在建筑设计方面，可以探讨一些绿色建筑的设计理念和技术实现，如被动式建筑、太阳能利用等；在交通管理方面，可以研究一些成功推广公共交通和非机动车交通的城市，以了解交通对城市生态环境的影响和改善措施。这些多元化的案例研究内容能够帮助学生全面、系统地理解绿色城市建设的内涵和实施路径。

案例研究的分析方法也是教学中不可忽视的重要内容。学生不仅需要学习如何选择合适的案例，更需要掌握科学的分析方法，以便从案例中提炼和总结出有价值的经验和教训。教学中可以引导学生使用多种分析工具和方法，如SWOT分析法、因果分析法、比较分析法等，通过这些方法，学生可以更深入地剖析案例，明确其成功或失败的关键因素，并在此基础上提出有针对性的改进建议。

在实践内容的选择方面，应注重理论联系实际，通过多种形式的实践活动培养学生的实际操作能力和创新思维。实践内容可以包括实验室实验、实地考察、模拟演练、项目设计等多种形式。例如，在绿色建筑课程中，可以安排学生进行建筑能耗模拟实验，通过实际操作了解不同建筑设计对能耗的影响，并培养学生的实验操作能力和数据分析能力；在水资源管理课程中，可以组织学生进行实地考察，了解当地水资源现状及其管理措施，通过观察和调研加深对理论知识的理解。此外，模拟演练也是一种有效的教学实践手段。可以设计一些具体的模拟场景，如模拟一座城市的绿色改造项目，学生通过角色扮演和团队合作，以解决实际问题为导向，进行方案设计和实施。

项目设计是实践教学的重要内容，通过具体项目的设计和实施，学生可以全面体验从理论到实践的全过程，并在实践中锻炼和提升自己的综合能力。项目设计可以是个体项目，也可以是团队项目，可以是短期项目，也可以是长期项目。无论是哪种形式，都应注重项目的实际意义和操作性。可以选择一些与学生生活密切相关的小型绿色改造项目，如社区垃圾分类系统设计、校园绿色空间优化等，也可以选择一些跨学科综合性强的大型项目，如城市生态公园规划设计、区域可再生能源利用系统构建等。这些项目设计不仅有助于学生巩固和应用所学知识，还能激发学生的创新思维和团队协作能力。

在选择实践内容时，还应注重与地方实际相结合，根据不同地区的资源条件和发展需求，选择具有地方特色和现实意义的实践项目。例如，在水资源丰富的地区，可以选择水环境治理和水生态修复的实践项目；在能源紧缺的地区，可以选择可再生能源开发利用的实践项目。通过这些具有地方特色的实践活动，学生可以更好地理解绿色发展理念在不同环境和条件下的具体应用，培养他们因地制宜、灵活应对的能力。

# 第三节　教学方法和手段的运用

## 一、互动式教学方法的应用

互动式教学方法的应用，能够增强学生对理论知识的理解和应用能力，提高他们的参与热情和学习效果。互动式教学方法强调教师和学生之间的双向交流，促进知识的双向流动和共享。通过互动，学生不仅是知识的接受者，更是积极的参与者，可以通过实践和讨论深化对知识的掌握和理解。

在绿色城市建设理论的教学中，互动式教学方法可以多种形式展开。例如，小组讨论是一种常见的互动教学形式。将学生分成若干小组，每个小组负责一个子课题或问题，通过查阅资料、分析数据、实地考察等方式进行探讨。小组成员之间彼此交换意见，提出各自的看法和建议。在小组讨论的基础上，可以安排每个小组进行汇报，其他小组成员和教师对其成果进行反馈和评价。这不仅能够锻炼学生的团队合作能力，还能提高他们的表达和沟通技巧。

角色扮演也是一种有效的互动教学方法。教师可以设计一些与绿色城市建设相关的情景或案例，让学生分别扮演城市规划师、政府官员、居民代表、环保专家等角色。通过模拟真实的决策场景，学生可以更好地理解不同角色的立场和思考方式，从而加深对绿色城市建设复杂性的认识。角色扮演不仅能增强学生对理论知识的理解，还能培养他们的公共演讲和辩论能力。

利用现代信息技术进行互动教学也是重要的一部分。通过学习管理系统和在线讨论平台，教师可以发布课程内容和学习资源，学生可以随时随地查阅和下载。教师可以利用在线讨论区鼓励学生提出问题，分享学习心得和经验。此外，在线投票、问卷调查等工具也可以用于课堂中的互动环节，实时了解学生的意见和建议，根据需要调整教学计划。

研讨会和讲座也是绿色城市建设理论中互动教学的重要形式之一。通过邀请领域内的专家学者或实践者进行专题讲座，学生可以直接聆听专业人士的见解和经验，开阔眼界。同时，讲座结束后的问答环节，学生可以提出自己的疑问和困惑，与专家进行互动交流。这种形式不仅能加深学生对学科前沿问题的理解，还能激发他们对绿色城市建设研究的兴趣和热情。

实验课和实地考察是互动式教学方法的重要补充。绿色城市建设理论往往需要与实际情况结合才能更好地理解和应用。通过安排相关的实验课，学生可以动手操作，验证理论知识中的关键概念和原理。实地考察则能让学生亲自观察城市规划和绿色建筑的具体实施效果，通过与相关人员的交流，更深入地了解建设过程中遇到的实际问题和解决方案。这一环节不仅能锻炼学生的观察和分析能力，还能增强他们理论联系实际的能力。

问题导向学习也是一种行之有效的互动教学方法。在这种教学模式下，教师设计一系列与绿色城市建设相关的问题，学生通过自主学习和小组合作，寻求解决问题的方法和途径。在整个学习过程中，教师发挥引导和支持作用，促进学生的独立思考和批判性思维能力。问题导向学习不仅能提升学生解决实际问题的能力，还能增强他们的学习主动性和科研素养。

反馈和评估是互动式教学的重要环节。教师应通过多种形式对学生的学习效果进行反馈和评估，比如课堂提问、作业批改、小组汇报等。在评估过程中，不仅要关注学生对知识的掌握程度，还要重视他们参与互动的积极性和主动性。通过有效的反馈和评估，教师可以不断优化教学策略，提高教学质量。

# 二、项目式教学手段的创新

项目式教学手段作为一种基于任务、问题和项目的学习方法，强调学生在真实的情境中通过动手实践、团队合作、解决问题等方式来学习和掌握知识。这种教学手段在倡导绿色发展理念的教学中表现出特别的优势，因为它不仅能有效培养学生的环保意识和可持续发展观念，还能通过实际项目的开展让学生深度参与到绿色城市建设的具体实践中。

项目式教学的核心在于通过项目的设计与实施，激发学生的主动性和创造力。在绿色发展理念的引导下，教师可以设计和组织多种多样的教学项目，如城市绿化设计、绿色建筑研究、能源节约方案制定、废弃物管理与资源回收利用等。这些项目不但能够涵盖绿色发展的各个方面，还能通过实际案例与实际问题的解决，引领学生在实践中学习和内化绿色理念。例如，在城市绿化设计项目中，学生需要在老师的指导下，综合运用生态学、环境科学和城市规划的知识，提出可行的城市绿化方案，并通过团队合作进行具体设计和实施。这不仅能增加学生对相关知识的掌握，还能提升其团队合作和解决问题的能力。

项目式教学手段也强调学生在项目中扮演的角色和责任感。绿色城市建设项目往往涉及多学科的知识和复杂的实际问题，学生需要在项目中扮演不同的角色，如项目经理、设计师、研究员等，从而培养其多方面的技能和综合素质。教师在其中的角色也从单纯的知识传授者转变为学习的引导者和组织者，鼓励学生在项目中自主学习和探究。在项目的每个阶段，老师都会提供必要的指导和支持，帮助学生克服困难，并通过有效的评估机制，激励学生不断改进和完善自己的项目。

通过项目式教学，学生不仅能学到具体的知识和技能，还能体会到团队合作的重要性。项目往往需要多人的共同努力，各成员在讨论、分工、协作中互相学习和补充。这种合作学习的方式，不仅能够增进学生之间的交流和了解，还能培养其团队精神和协作能力。在绿色城市建设的教学项目中，团队成员可能来自不同的专业背景，这种多学科的合作更能激发学生的创新思维，促进知识的交叉和融合。例如，在一个针对城市污水处理的项目中，有的学生负责技术方案的设计，有的学生负责经济成本的核算，有的学生则负责政策和法律的研究，只有各方面的知识和技能相互融合，才能提出综合性和可行性的解决方案。

创新性是项目式教学的一大特点和优势。传统的教学方法往往以教师为中心，学生被动接受知识，缺乏自主探索和创新的空间。而在项目式教学中，学生面对的是一个个真实的、有挑战性的项目，需要运用已有的知识和技能进行创造性思考和解决问题。例如，在绿色建筑设计项目中，学生可以尝试各种创新性的设计理念和技术手段，如太阳能利用、雨水收集、立体绿化等，通过实际操作和试验，不断优化自己的设计方案。这种创新性的学习过程，不仅能提高学生的实践能力，还能培养其创新意识和创新能力。

项目式教学手段还能够有效地结合理论与实践，提升学生的综合能力。在绿色发展理念的教学中，很多理论知识需要通过实践来加深理解和掌握。通过项目式教学，学生可以在理论学习的基础上，亲身参与实际的绿色项目。例如，在绿色能源项目中，学生不仅要学习各种能源的基础理论，还要通过设计和实施能源管理方案，了解不同能源的应用效果和实际操作过程。这种理论与实践相结合的教学模式，不仅能巩固和深化学生对理论知识的理解，还能提升其动手能力和实践经验。

通过系统的项目管理和评估机制，项目式教学还能培养学生的计划和组织能力。绿色城市建设项目往往涉及多个环节和复杂的协调工作，学生需要在项目的计划、实施、监控和评估中，学会制订详细的工作计划，合理分配资源和时间，有效协调团队成员的工作，确保项目按时完成。在这个过程中，学生不仅能学到项目管理的基本知识和技能，还能提升其组织协调能力和领导力。例如，在一个城市垃圾分类管理项目中，学生可能需要制订详细的垃圾分类方案，包括宣传教育、分类实施、回收处理等多个环节，并在项目实施过程中，不断监控和调整方案，确保各项工作顺利进行。通过这样的项目实践，学生不仅能掌握垃圾分类的具体知识和技能，还能提升其项目管理和团队组织能力。

## 三、多媒体教学工具的使用

多媒体教学工具不仅能够丰富教学的内容和形式、提高教学效率，还能够增强学生的学习兴趣和主动性，从而促进教学效果的提升。在绿色发展理念的教学中，合理运用多媒体教学工具，能够更好地实现教学目标。

多媒体教学工具可以通过视觉、听觉等多种感官刺激来吸引学生的注意力。传统的教学方式以教师讲授为主，学生长时间处于被动听讲的状态，容易产生倦怠和疲劳。而多媒体教学工具通过图片、视频、动画等生动的展示形式，可以让学生在轻松愉快的氛围中学习知识。例如，在讲解绿色建筑设计时，教师可以通过播放多媒体视频，展示国内外优秀绿色建筑的实例，学生直观地感受到绿色建筑的独特之处，从而加深对绿色建筑理念的理解。

多媒体教学工具可以提供丰富的教学资源，拓展学生的知识面。绿色发展理念涵盖了多个学科领域的知识，包括环境科学、生态学、建筑学、经济学等。教师在教学过程中，可以利用多媒体工具，将这些学科的最新研究成果、重要理论和实际案例呈现给学生。例如，通过网络资源，教师可以收集最新的绿色城市建设案例，并通过多媒体课件展示给学生，学生能够及时了解绿色城市建设的前沿动态。同时，教师还可以利用多媒体工具，整合各学科的内容，为学生提供全面系统的知识体系。

多媒体教学工具还可以增强教学的互动性，提升学生的参与感。在传统教学模式中，师生之间的互动较少，学生参与课堂讨论的机会有限。而多媒体教学工具可以通过互动课件、在线测试、虚拟实验等形式，与学生进行互动。例如，教师可以利用交互式白板，与学生共同分析绿色城市规划的案例，鼓励学生提出自己的见解，并讨论和分享。通过这种互动式教学，学生不仅可以提高思维能力和表达能力，还可以培养团队合作精神和解决问题的能力。

在绿色发展理念教学中，多媒体教学工具还可以用于模拟实践，增强学生的实践能力。绿色发展理念注重实际操作和实践应用，学生在学习过程中，需要掌握一定的动手能力和实践经验。教师可以利用多媒体模拟软件，模拟各种实际场景，让学生在虚拟环境中进行操作和实验。例如，教师可以利用绿色建筑设计软件，让学生进行建筑设计和模拟施工，体验从设计到建造的全过程。在这些模拟实践中，学生可以不断尝试和探索，积累实践经验，提高实际操作能力。

此外，多媒体教学工具还可以实现个性化教学，根据学生的学习情况，提供针对性的指导和帮助。在传统教学模式中，教师难以照顾到每个学生的个体差异，教学内容和进度往往是统一的。而多媒体教学工具可以通过数据分析和智能算法，了解每个学生的学习情况，并提供个性化的学习方案。例如，通过在线学习平台，教师可以了解学生的学习进度和知识掌握情况，并有针对性地为学生推荐学习资源和练习题目。学生可以根据自己的学习需求，选择适合自己的学习内容和方式，从而提高学习效果。

多媒体教学工具在绿色发展理念的教学中具有广泛的应用前景。教师在使用多媒体教学工具时，需要注意以下几点：一是要合理选择和利用多媒体教学工具，根据教学内容和教学目标，选择适合的多媒体工具，避免盲目追求形式上的多样化。二是要注重多媒体教学工具与传统教学方法的结合，发挥各自的优势，互相补充，提高教学效果。例如，可以通过多媒体工具进行知识讲解，再通过课堂讨论和实践活动进行巩固和应用。三是要提高多媒体教学工具的适用性和易用性，确保学生能够方便快捷地使用多媒体工具，充分发挥其作用。

## 四、现场教学与实地考察的结合

通过现场教学和实地考察相结合，学生能够亲身观察和参与绿色城市建设的各个环节，特别是那些理论上难以全面理解和内化的内容。这样的教学策略不仅有助于培养学生的实践能力和创新意识，还有助于他们更好地理解绿色发展的核心理念和实际操作。

在进行现场教学和实地考察时，可以选择一些具有代表性和典型意义的绿色城市案例作为考察对象。例如，可以带领学生前往已经建成的绿色建筑、生态社区、城市绿地、可再生能源设施等地进行实地观察和学习。在这些场所，学生能够直观感受到绿色技术和理念在实际建设和运营中的具体应用。例如，通过对太阳能电站、风力发电塔、雨水收集系统、垂直绿化和绿色屋顶等设施的参观，学生可以更加直观地了解这些技术如何在绿色城市规划中发挥作用。与此同时，讲解者可以向学生详细介绍这些设施的设计思路、建造过程、运营维护以及实际效果，让学生全面了解绿色建设的实践细节和挑战。

现场教学和实地考察还可以通过与相关领域的专家互动来增强其效果。邀请专业的建筑师、城市规划师、环境工程师、生态学家等专家共同参与教学，他们可以根据自身丰富的经验为学生讲解具体案例，解答学生在考察过程中遇到的疑问。这不仅能丰富学生的知识，还能启发他们从专业视角出发进行思考。同时，专家们的参与也能够给学生提供一个有价值的社交网络，使他们在未来的实际工作中能够更快地融入相关行业。

在组织现场教学和实地考察时，教学内容的设计需要根据不同年级和专业的学生特点来进行调整。对于低年级和基础阶段的学生，可以安排相对简单、易于理解的考察内容，例如对城市绿化和基础环保设施的参观。这些内容可以帮助学生建立起对绿色城市建设的初步认识，并在心中种下绿色发展的理念种子。对于高年级和专业阶段的学生，则可以安排更为复杂和技术性强的考察内容，例如绿色建筑的能效管理系统、新型材料的应用、智慧城市的环境监控系统等。通过这些更具挑战性的学习任务，学生不仅能深入理解绿色技术和理念，还能培养解决实际问题的能力。

为了保证现场教学和实地考察的有效性和安全性，必须进行充分的准备工作。教师需要提前实地考察教学点，了解当地的实际情况和相关设施的运行状况，制订详细的教学计划和考察路线，并与相关单位进行沟通和协调。此外，还需要为学生准备必要的学习资料和工具，确保他们在考察过程中能够有效记录和分析所见所闻。同时，必须重视安全管理，制定相应的安全预案，确保学生的人身安全和财产安全。

在现场教学和实地考察结束后，还需要进行充分的总结和反思。通过组织学生撰写考察报告、参加讨论会或进行小组交流等活动，帮助学生整理和反思自己的学习经历和收获。教师可以在此过程中引导学生将现场考察的实际体验与课堂理论知识相结合，进一步深化他们对绿色发展理念的理解。此外，展示和分享考察成果，可以增强学生的成就感和学习动机，激发他们对绿色城市建设的持续关注和研究兴趣。

# 第四节　教学评价和反馈机制的建立

## 一、教学评价体系的建立

教学评价体系的建立是教学质量保障的重要环节，在绿色城市建设理论研究与教学实践中，它不仅关乎学生学习效果的客观评估，同时也影响到教学方法和内容的持续改进。一个完善的教学评价体系应当包含多个方面，涵盖定量与定性的不同评估方式，力求多角度、多维度地对教学活动进行全面诊断与反思。

首先，教学评价体系需要明确的评价标准。这些标准应依据国家教育部的相关教育法规和政策文件，结合绿色城市建设理论的特殊性质，涵盖知识掌握、实践能力、创新能力、环境保护意识、团队合作精神等多个方面。具体而言，教学评价体系在知识掌握上，可以采用课程笔试、课后作业、课堂提问等方式对学生理论知识的掌握情况进行评估；在实践能力上，可以通过实验报告、实训成果展示、项目设计等环节来衡量学生的动手能力和实际应用能力；在创新能力上，可以通过创意设计大赛、项目策划书、创新成果展示等活动进行评价；在环境保护意识上，可以通过设计相关问卷调查、讨论环节、案例分析来测评学生对可持续发展的理解和态度；在团队合作精神上，可以通过小组讨论、小组任务及相互评价等方式考察学生的合作能力。

教学评价体系的建设还需要多元化的评价主体。除了教师的评价，还需引入学生的自我评价和同学之间的相互评价，以确保评价的公正性和全面性。自我评价可以使学生对自身的学习过程和结果有更清晰的认识，从而激发他们主动学习的热情。同学之间的相互评价则是对团队合作精神和交流能力的有力检验，是对教学评价体系的有益补充。

在评价方法上，应采用定量和定性相结合的方式。定量评价主要通过分数、等级、统计数据等手段来进行，这有助于量化学生的学习成绩和表现，提供直观、易于理解的数据支持。而定性评价则通过文字描述、案例分析、观察记录等方法，对学生的综合素质进行深入分析和评估。定量评价和定性评价相辅相成，可以从不同角度、不同层次全面反映学生的学习效果与能力发展状况。

积极、合理的反馈机制是教学评价体系的重要组成部分。教学反馈是教学评价的延续和重要输出，不仅要及时，还要关注其建设性。因此，教学评价体系要及时向学生反馈其学习效果，指出他们的优点和不足，并提出具体的改进建议。对于学生的积极表现，教师应予以肯定和鼓励，增强学生的信心和学习动力；对于存在的问题，则应详细剖析原因，并给予针对性的指导和帮助。此外，学生的反馈也是重要的环节，教师应及时收集学生对课程设计、教学方法等方面的意见和建议，进而对教学内容进行调整和优化。

为确保教学评价体系的科学性和合理性，还需进行定期的评价体系效能评估。这一评估可通过问卷调查、教学研讨、绩效评估等多种方法进行。评估的目的是了解评价体系在实际操作中的问题和不足，以便进行必要的调整和改进，使之更加完善和高效。例如，可以探讨如何在评价过程中更好地融入绿色城市建设的核心理念，或者增加更多元化的评价方法，以提升整个教学评价体系的科学性和专业性。此外，还应鼓励教学团队定期进行研讨和培训，分享评价经验和创新思路，以不断提升整体教学质量。

教学评价体系的建立不仅是一种教学管理工具，更是教师与学生之间的桥梁，促进两者互相理解与合作。科学、合理的评价体系，不仅能真实反映学生的学习效果，还能为教师优化教学设计提供宝贵的数据支持，从而不断提升绿色城市建设理论教学的整体水平。同时，这一体系还能有效培养学生的绿色发展意识和能力，使其在学习和实践中自觉地践行绿色发展理念，成为推动绿色城市建设的中坚力量。

## 二、学生反馈收集与分析

有效的学生反馈机制需要从多个维度进行考量，包括收集方式、反馈内容、数据分析以及结果应用等。从反馈的收集方式上来看，可以采用多种多样的形式。传统的方式如调查问卷、课堂提问和小组讨论等在绿色城市建设课程中依然具有很高的可操作性。此外，利用信息技术手段，线上反馈工具如Google Forms、SurveyMonkey以及学习管理系统中的内置反馈功能，为学生反馈的收集提供了更加便捷和高效的途径。无论采用何种方式，关键在于保证反馈信息的真实、全面和代表性。

反馈内容的设定需要根据课程目标和教学内容的实际情况来调整。绿色城市建设课程涉及的内容广泛，包括生态环境保护、低碳技术应用、城市规划与管理等多个方面。反馈问题的设计应当深入具体，既要包括学生对课程内容本身的理解和掌握，也要涵盖教学方法、课堂互动、教材选用等方面。这样不仅能获取全面的信息，而且能帮助教师更好地识别出教学中的具体问题。例如，针对某一专题的问卷反馈可以设定多项选择题和开放性问题，既有利于量化分析，也允许学生表达具体的意见和建议。在设计反馈内容时，还需要确保问题的简明易懂，以免学生因理解偏差而影响反馈的准确性。

收集到大量的学生反馈后，数据分析是不可或缺的一步。定量分析与定性分析的结合能够全面呈现反馈情况。定量分析主要针对选择题等结构化数据，通过统计手段计算出满意度、理解度、参与度等关键指标，为教学效果提供直观的数值依据。对于选择题数据，可以采用描述统计和推断统计等方法，运用频数分析、平均数、标准差等工具来研判学生对不同教学环节的评价。定性分析则更多地关注开放性问题中的文本信息，通过关键词提取、内容分析和语义分析等方法，挖掘出学生反馈中的核心观点和主流意见。对于开放性问题的文本数据，可以采用编码法进行初步分类，然后通过逐层细化和综合总结，形成对教学过程中某些现象和问题的深入认知。

分析结果的应用是反馈机制的最终目标。科学的分析，能够发现教学中的常见问题和潜在问题，为改进教学提供明确的指导。例如，若定量分析结果显示某一章节的理解度较低而与理解度较高的章节内容明显不一致，教师应考虑重新审视该章节的教学方式和材料，适时增加辅助解释和补充资料。定性分析结果展示了学生在开放性问题中提出的创意建议与评论，教师不仅可以有针对性地调整教学内容和方法，还可以借此激发新一轮教学创新。此外，定性分析结果应当及时反馈给教学团队和管理机构，形成闭环管理机制，从整体上提升绿色城市建设课程的教学水平。

反馈结果的公示与反馈也是非常重要的。通过定期的反馈公示与交流，学生可以感受到其意见和建议得到了重视，增强其参与感与责任感。在适当的时候，教师可以与学生分享反馈结果，并说明改进措施与计划，建立起师生之间的良好互动关系，从而有助于营造积极的学习氛围。通过举办反馈交流会或设立在线讨论平台，教师与学生可以有更多面对面进行交流与探讨的机会，进一步深化对教学问题的理解和解决。

为了不断完善和优化反馈机制，教师还应当养成持续改进的意识和习惯。每一次教学改进和反馈都应遵循"计划—执行—检查—改进"的PDCA循环模式。通过多次循环，不断积累和总结反馈经验，逐步形成为教学服务的高效反馈体系。绿色城市建设课程具有极强的实践性和前瞻性，学生反馈的收集与分析不仅能够提高教学质量，更能够引导学生深刻理解和践行绿色发展理念，为绿色城市建设培养出更多践行者和推动者。在这一过程中，教师、学生和教学管理者需要形成合力，共同推动绿色城市建设教学的不断深化和进步。

## 三、教学反思与改进

在绿色城市建设的教学中，教学反思与改进不仅能够帮助教师提高教学质量，还能促进学生全方面的发展。教学反思是教师对其教学过程进行系统性审视的过程，以发现教学中的优点与不足，从而进行针对性的改进。改进则是将反思结果转化为实际行动的过程，通过调整教学方法与策略，加强教学效果，不断优化学生的学习体验。

在绿色发展理念的背景下，教学反思与改进有其独特的重要性。绿色城市建设本身就是一个复杂的、动态的、多因素交织的系统，因此对其进行教学也需要灵活而全面的教学策略。教师需要持续地反思其教学内容与方法，确保其与最新的绿色发展理念相吻合。同时，教师还需要关注学生对这些理念的接受程度，通过反馈机制了解学生的学习效果，并以此为依据不断改进教学。

教学反思的主要内容包括教学目标的设置、课程内容的安排、教学方法的选择、教学手段的运用以及教学效果的评估等多个方面。教师需要质疑自身的教学目标是否切合实际、是否能够达到预期的教学效果。教学目标设置过高或过低都会影响学生的学习效果与积极性。相应地，教师还需要反思其课程内容是否丰富且有深度、是否能够提供足够的实践机会，以帮助学生理解绿色发展的核心理念。

教学方法与手段的选择对教学效果有着直接的影响。在绿色城市建设的教学中，多样化的教学方法，如项目学习、探究式学习、合作学习等，能够激发学生的学习兴趣与动机。教师需要反思其采用的方法是否能够促进学生的积极参与和深度思考，是否能够培养学生的实践能力与创新能力。同时，信息技术的发展为教学提供了丰富的手段，如多媒体教学、在线资源与平台等，教师需要评估这些手段的应用效果，既要避免技术对教学的负面干扰，又要充分利用其优势来提升教学质量。

反馈机制是教学评价与改进的重要环节。通过学生反馈，教师可以了解教学效果，发现教学中的问题与不足。反馈机制包括正式的、非正式的、定性与定量等多种形式。在正式的反馈机制中，可以通过考试成绩、问卷调查、学生评教等方式收集学生的意见与建议。在非正式的反馈机制中，教师可以通过课堂讨论、课后交流等方式了解学生的学习状态与感受。定量的反馈可以为教师提供具体的数据，帮助其量化分析教学效果；定性的反馈则可以提供较为深度的信息，以帮助教师理解学生的真实需求与期待。

教学反思的过程中不可忽视学生主体地位的发挥。学生不仅是知识的接受者，还是学习过程的参与者、评价者与反馈者。充分重视学生的反馈意见，认真分析并积极回应，是教学反思与改进的关键所在。教师应鼓励学生积极表达自己的意见与建议，营造开放、自由的学习氛围，以便准确把握学生的真实需求，及时调整教学策略，提升教学效果。

反思结果的改进应注重实际可操作性与持续性。针对反思过程中发现的问题，教师要制订详细的改进计划，从小处入手，不断优化教学过程。例如，在发现某一部分内容难度过高、学生接受度较低时，教师可以尝试将课程内容划分为若干知识点，通过设置案例、实践活动等多种方式，帮助学生逐步掌握。在教学方法方面，教师可以结合学生特点，采用灵活的教学策略，如小组讨论、角色扮演等，激发学生的学习兴趣与主动性。同时，改进方案应不仅限于短期措施，还应制定长期的调整计划，确保教学质量的不断提升。

教学评价体系的建立是有效反思与改进的基础。通过科学合理的评价体系，教师可以对其教学质量进行全面、系统的评价，为反思与改进提供坚实的数据支持。评价体系应包括多维度的评价指标，如教学内容的科学性、教学方法的创新性、教学手段的有效性、学生学习效果的显著性等。评价指标的设定应考虑学生的实际需求与发展趋势，做到既客观又灵活，能够真实反映教学过程中的问题与成效。

教师专业发展的持续性也是教学反思与改进的重要保障。教师应不断学习新的教育理论与方法，了解绿色发展最新动态，提升自身专业素养与教学技能。通过参与学术研讨、教学培训等多种形式，教师可以汲取先进的教育理念与经验，丰富其教学实践。教师之间的相互交流与合作也有助于相互学习、共同提升，通过教学团队的集体反思与改进，共同推进绿色城市建设教学的高质量发展。

# 四、多元化评价指标的应用

多元化评价指标不仅能更加全面地反映学生的学习状态，还能有效地支持教学的改进和优化。在传统的教学评价体系中，评价往往集中在学生的考试成绩和作业完成情况等有限的指标上，而多元化评价指标则强调从多个维度对学生进行评估，以更全面、更客观地反映学生的实际情况。

第一，多元化评价指标应涵盖知识与技能的掌握程度。这部分内容仍然是教学评价的重要组成部分，但在多元化评价体系中，这一部分不再仅仅依赖于纸笔考试，而是结合了多种评价方式，如课堂表现、项目活动、实践操作等。例如，在绿色城市建设相关的课程中，除了要求学生掌握基本的理论知识，还应通过项目设计和实际操作来检验其对相关技能的掌握程度。这就要求教师在设计评价体系时，纳入项目报告、操作演示、现场考察等多种评价形式，以更有效地评价学生的学习成果。

第二，多元化评价指标需要包含学生的行为与态度。绿色城市建设领域强调可持续发展和环境保护，这不仅要求学生具备相关的知识和技能，更要求他们在行为和态度上认同并践行绿色发展的理念。因此，评价体系应当适当关注学生在这方面的表现，例如，通过观察学生在日常生活中的环保行为、参与环保活动的积极性、对环境问题的关注度和解决方案的创造力等。这些行为和态度的评价，可以通过教师的观察记录、同伴评议、自我评价以及家长反馈等多种方式来进行，从而更全面地反映学生在绿色发展理念上的认知和实践水平。

第三，多元化评价指标应重视学生的创新能力。在绿色城市建设的课程中，创新能力是一个不可或缺的关键因素。学生是否能够将所学知识灵活运用于实际问题的解决、是否能够提出具有前瞻性的绿色发展方案和技术创新，都是衡量其创新能力的重要标准。因此，评价体系应关注学生在项目设计、课题研究、创新竞赛等方面的表现，通过对这些活动和成果的综合评价，来判断学生在创新能力方面的成长。同时，通过不同的评价主体，如教师、行业专家、学生自评和互评等，形成多元化的评价视角，更加全面地评价学生的创新能力。

第四，多元化评价指标需融入团队合作能力的考核。在现代绿色城市建设过程中，跨学科和跨领域的合作日益重要，因此，团队合作能力成为评价学生的重要内容。在评价体系中，可以设计团队项目、合作任务和团队展示等活动，观察和评价学生在团队合作中的表现。例如，通过对团队项目的过程性评价、团队成员间的互动记录，以及团队成果的展示和评议，来考查学生的合作态度、团队精神、协作技巧和沟通能力。这些评价活动，不仅可以培养学生的团队合作能力，还能够促进学生在实际工作中的综合素质提升。

第五，多元化评价指标还应包含学生的自主学习能力。这一维度强调学生在学习过程中的主动性和自我管理能力。在绿色城市建设的课程中，学生不仅要掌握既定的知识内容，还要及时学习和吸纳新知识、新技术。因此，自主学习能力成为重要的评价指标。在这一部分的评价中，可以通过学生的学习日志、学习计划、书面反思、自主研究报告等，来评价其在学习过程中的规划能力、自我评价能力和自我调整能力。同时，通过数字工具和平台，如在线学习记录系统和学习行为数据分析，进一步细化和量化学生的自主学习行为，为教学提供科学的数据支持。

第六，多元化评价指标应该包括对学生综合素质的评价。这部分内容着眼于学生的全面发展，包括心理健康、社会适应能力、道德品质等方面。特别是在践行绿色发展理念的过程中，学生的社会责任感和道德意识至关重要。评价体系可以通过心理辅导记录、德育评价、社区服务记录、品德日记等方式，来全面了解和评价学生的综合素质。同时，结合学科特点，通过绿色建设实际项目，如参与社区环保项目、绿色建筑设计等活动，来增强学生的社会责任感和实践能力，并通过这些活动的过程和结果来评价学生的综合素质发展状况。

构建一套科学、全面、多元化的评价指标体系，可以更准确地反映学生在绿色城市建设课程中的学习和发展情况。这样的评价体系不仅能提升学生的学习效果，还能为教师提供全面、具体的反馈，帮助教师不断改进教学方法和策略，从而实现绿色城市建设教育的整体提升和优化。

# 第五章

# 绿色城市建设教学资源开发与利用

## 第一节　低碳智慧建筑教学资源的开发与利用

### 一、低碳智慧建筑的基本概念

低碳智慧建筑作为一种集成了低碳环保与智能化技术的建筑形式，不仅仅是在建筑技术上的前沿探索，更是对未来城市发展理念的深入实践。低碳智慧建筑的基本概念，是指在建筑的全生命周期内，通过优化设计、材料选择、能源管理及智能控制等手段，最大限度地减少建筑对环境的负面影响，并实现资源的高效利用和可持续发展。这一概念的核心在于融合低碳技术与智慧管理系统，既关注节能减排，又注重提高建筑的运行效率和使用舒适度。

低碳智慧建筑依托于多种先进技术的协同应用。在能源利用方面，低碳智慧建筑强调利用可再生能源，如太阳能、风能、地热能等，减少对传统化石能源的依赖。在建筑设计阶段就考虑太阳能光伏板的布置、风力发电装置的安装以及地热能利用系统的布局，可以有效降低建筑的能源消耗。同时，通过能源回收和储存技术，例如余热回收系统和电能储存设备，实现能源的高效利用和循环利用。

材料选择是低碳智慧建筑的另一关键环节。低碳智慧建筑强调使用绿色建材，这些建材不仅在生产加工过程中能耗低、污染少，而且在使用阶段具有良好的环保性能。例如，采用再生材料、低能耗生产的建材，能够有效减少建筑的碳足迹。此外，建筑材料的保温隔热性能、耐久性和可回收性也是评判其是否符合低碳智慧建筑标准的重要指标。高效保温材料可以减少建筑的能耗，提高能源利用效率；而耐久性材料则能够延长建筑的使用寿命，减少维护和重建的频率。

建筑智能化管理系统是实现低碳智慧建筑的重要技术手段。智能化管理系统通过物联网、云计算、大数据分析等现代信息技术，对建筑的能源系统、环境控制系统、安防系统等进行集成管理和实时调控。例如，通过智能温控系统，能够根据外部环境和室内使用情况，自主调节空调、采暖等设备的运作，从而达到节能的目的。同时，智能照明系统可以根据环境光线和人员活动情况，自动调节灯光亮度，避免不必要的电能浪费。此外，智能窗帘、智能家居设备等应用也能进一步提高建筑运行的自动化水平和能源利用效率。

低碳智慧建筑还涉及水资源的管理与利用。通过雨水收集系统、中水回用系统，低碳智慧建筑可以在很大程度上减少自来水的消耗，减轻水资源使用的压力。雨水收集系统可以将降雨通过屋顶或地面的收集装置进行储存，处理后用于绿化浇灌、冲厕等非饮用用途；而中水回用系统则是将生活污水经过处理后，用于冲厕、洗车等，这不仅节约了水资源，还减少了污水排放。

在低碳智慧建筑的设计过程中，对建筑整体形态和布局的优化设计十分重要。合理的形态设计，可以最大程度地利用自然通风与采光，减少人工照明和空调的使用。建筑的朝向、窗户的大小和位置、遮阳系统等，都需要综合考虑，以实现最佳的节能效果。同时，绿色景观设计也是低碳智慧建筑的重要组成部分，通过合理布置绿化带、屋顶花园等，能够改善微气候环境，增强建筑的生态效益。

人文关怀也是低碳智慧建筑的重要理念之一。通过对居住者需求的深入理解，低碳智慧建筑不仅满足功能需求，还致力于提供舒适、健康的居住环境。例如，通过空气净化系统、水质处理系统，可以保证室内空气和水质的优良，让居住者在享受智能化设施带来便捷的同时，也能享受高品质的生活环境。

低碳智慧建筑不仅在技术层面有诸多创新，还对社会、经济和环境有深远的影响。它对于减缓气候变化、减少能源消耗、改善生态环境以及提升居民生活质量等方面有积极作用。在政策引导和市场需求的双重推动下，低碳智慧建筑也将成为未来建筑行业发展的主流方向。

## 二、低碳建筑设计原则与标准

低碳建筑设计原则与标准在绿色城市建设中扮演着至关重要的角色。其主要目标是在减少能源消耗和碳排放的同时，提升居住环境的舒适度和健康性。基于这一目标，低碳建筑设计贯彻了一系列科学严谨的原则，并确立了一些行业标准。这些设计原则和标准是相辅相成的，共同促进了建筑设计的绿色化和可持续发展。

第一，低碳建筑设计强调运用被动设计策略，以减少对传统能源的依赖，降低碳排放。被动设计策略主要包括优化建筑物的朝向、窗墙比、遮阳措施、自然通风等。这些策略旨在充分利用天然光源和自然通风，减少人工照明和空调系统的使用频率。比如，建筑物的朝向应尽量南北向布置，以获取更多的太阳能资源，冬季能获得更多的阳光，夏季则能减少太阳直射。此外，适当的遮阳措施可以减少夏季的冷却负担，同时在冬季也可以减少风寒效应，从而提高室内舒适度。这些被动设计策略不仅能够显著降低建筑的能耗，还能提升室内环境的质量。

第二，在低碳建筑设计中，建筑材料的选择和使用同样至关重要。低碳建筑倡导使用高性能、低环境负荷的材料，以减少建筑全生命周期内的碳足迹。再生材料和可再生材料在低碳建筑中得到了广泛应用。再生材料如再生混凝土、再生钢材等，在制造过程中可显著减少能源消耗和碳排放。竹材、木材等可再生材料因其生长周期较短、碳吸收能力强，也成为低碳建筑材料的重要组成部分。与此同时，低碳建筑设计原则还要求考虑材料的本地化采购和运输过程中的碳排放。尽量选择本地资源和材料，不仅能降低运输能耗，还能支持当地经济发展。

第三，低碳建筑还注重高效的能源管理系统，通过现代化科技手段，实现全方位的能源管理。一方面，可以通过安装高效的供暖、通风以及空调系统，提升能源利用率。先进的建筑自动化系统可以根据实际需要，智能调节室内环境，做到精准供能，避免能源浪费。另一方面，建筑物中广泛应用可再生能源，太阳能光伏系统、地热能系统、风能系统等都是重要的选择。这些系统可以与建筑物相结合，实现集中式和分布式供能，从而满足不同的能源需求。此外，储能技术的发展也为低碳建筑能量管理提供了更加灵活的解决方案，通过高效储能设备的应用，可以实现能源的平衡和调度，确保能源的高效利用。

第四，在低碳建筑设计中，水资源的管理和利用也是一个重要方面。低碳建筑提倡雨水收集、中水回用，以减少宝贵水资源的消耗。同时，通过绿化屋面、渗透性铺装等措施，能够提高雨水的渗透率，减少城市排水系统的负担。这些措施不仅节约了水资源，还有效调控了城市的热岛效应，提高了环境质量。

第五，建筑环境的整体设计也是低碳建筑的一个重要考量因素。在设计过程中，应尽量做到与自然环境的和谐共生，减少对自然生态的破坏。设计中可以采用绿化屋顶、垂直绿化、庭院绿化等方式，增加建筑物的绿化覆盖率，提升空气质量，吸收二氧化碳。同时，这些绿化措施还能为建筑物提供良好的隔热效果，进一步降低能源消耗。此外，生物多样性的保护在低碳建筑中也越来越受到重视，通过合理的设计和规划，可以为动植物提供适宜的生存环境，促进城市生态系统的健康发展。

第六，低碳建筑标准的建立和规范是保障设计原则得以实施的重要手段。各国和地区根据自身的气候特征、资源状况及技术水平，制定了一系列低碳建筑标准和评级体系，如LEED、BREEAM、DGNB等。这些标准和评级体系对建筑的全生命周期各个环节，包括设计、施工、运营、维护等，提出了明确的要求和评价指标。这些标准和评级体系，可以对建筑的低碳性能进行科学、客观的评估，推动建筑行业向低碳化方向发展。同时，低碳建筑标准的建立也为市场提供了明确的指引，有助于消费者和开发商做出更加环保和可持续的选择。

## 三、智慧建筑技术的应用

智慧建筑不仅仅是指建筑物内部的智能化，更是涵盖了从设计、施工、运行乃至维护全过程的信息化和智能化管理。其核心在于通过现代信息技术、自动控制技术、人工智能、大数据分析以及物联网等高科技手段，提升建筑物的功能性、适应性和可持续性，降低能源消耗，提高资源利用率，从而实现低碳、绿色和智慧的综合目标。

智慧建筑技术首先体现在建筑的设计阶段，通过建筑信息模型（BIM）技术的应用，实现了从设计、建造到运营的全生命周期管理。BIM技术不仅可以提高建筑设计的精度、减少设计错误，还能通过信息的集成和共享，提高各专业之间的协同工作效率。在设计过程中，BIM技术能够进行能耗模拟、光环境模拟、风环境模拟等，通过模拟仿真优化建筑设计方案，提升建筑的能源利用效率和环境舒适度。此外，BIM技术还可以优化材料的选择和用量，减少建材浪费，降低建筑对环境的负面影响。

在建筑施工阶段，智慧建筑技术也发挥着重要作用。物联网技术，可以实现对施工现场的实时监控和管理。传感器、无人机、远程监控设备等可以实时采集施工现场的各类数据，如空气质量、噪声水平、安全隐患等，及时发现和解决问题，提高施工现场的安全性和施工质量。同时，通过施工进度和资源管理系统，可以实时跟踪施工进度，合理调配人力、物力资源，提高施工效率和资源利用率。另外，自动化施工设备，如3D打印建筑、机器人装配等新技术的应用，也促进了建筑施工的智能化发展，这些技术不仅提高了施工速度和质量，还减少了对环境的破坏。

在建筑运营阶段，智慧建筑技术的应用更为广泛和深入。智能楼宇管理系统（IBMS）集成了建筑物内的各个子系统，如空调、供暖、照明、安防、电梯等，通过中央控制平台进行统一管理和调度，实现各个系统的智能协调和高效运行。智能楼宇管理系统可以根据实时数据调整各个系统的运行状态，例如，通过温湿度传感器的数据反馈，自动调节空调和供暖系统的运行，提高能效，节省能源；通过光感传感器和人员感知设备，智能调控照明系统，提升照明的能效，降低电力消耗。此外，智慧建筑技术还体现在能源管理方面，通过分布式能源管理系统，可以优化能源的生产、存储和使用，提高能源利用率，减少对传统化石能源的依赖，降低建筑的碳排放。

物联网技术的广泛应用为智慧建筑提供了丰富的数据资源和智能化管理手段。通过传感器网络、无线通信技术和数据分析技术，可以实现对建筑物内外环境的全面感知、监控和管理。数据驱动的智能决策系统能够根据实时数据和历史数据，进行智能分析和预测，提出优化建议和决策方案。例如，通过对建筑物内外气象数据、能耗数据、人员流动数据等的综合分析，可以优化空调、照明等系统的运行模式，提升建筑物的能效和舒适度。数据分析还可以用于预见性维护，通过分析设备运行数据，预测设备故障风险、提前维护和检修，避免设备故障带来的不必要损失。

人工智能技术在智慧建筑中的应用也越来越广泛。通过人工智能算法和机器学习技术，可以实现对建筑物各系统的智能控制和优化。例如，智能空调系统可以通过学习用户的使用习惯和环境参数，自动调整运行模式，实现个性化和节能的目标；智能安防系统可以通过人脸识别、语音识别等技术，实现对人员的身份验证和安全管理，提高建筑物的安全性和便捷性。此外，人工智能还可以用于优化建筑物的能耗管理，通过对能耗数据的智能分析，提出能耗优化方案，实现能源的高效利用。

大数据技术为智慧建筑提供了强大的数据支持和分析能力。对庞大的数据进行存储、处理和分析，可以为建筑物的智能管理和优化提供重要依据。大数据技术可以用于能耗分析、环境监测、人员管理、安全管理等多个方面，通过对数据的深度挖掘和分析，发现潜在问题和优化空间，提出科学的管理和优化方案。例如，通过对历史能耗数据的分析，可以发现能耗高峰时段和主要能耗设备，提出合理的节能措施；通过对环境数据的分析，可以及时发现空气质量问题，采取相应的改善措施。

智慧建筑技术的应用不仅仅局限于单体建筑，还可以扩展到建筑群、社区甚至整个城市，形成智慧社区和智慧城市。在智慧社区和智慧城市的建设中，各类建筑物、基础设施通过物联网和智能管理系统实现互联互通、协同运行，提高整个社区和城市的资源利用率和管理效率。智慧社区和智慧城市的建设不仅改善了居民的生活质量，也为城市的可持续发展提供了有力支持。

智慧建筑技术的应用为绿色城市建设提供了新的途径和方法，通过现代信息技术和智能化手段，可以全面提升建筑物的能源利用效率、环境适应性和运行管理水平，实现低碳、绿色和智慧的综合目标。

## 四、教学案例分析与实践

通过教学案例，学生不仅可以直观地了解到具体建筑项目的设计思路、技术应用、节能措施等，还能在实践中锻炼其解决实际问题的能力。一个好的教学案例应该具备典型性、代表性和可操作性，能够充分展示低碳智慧建筑的核心思想和技术特点，并且具有一定的复杂性和挑战性，以激发学生的探索精神和创新能力。

对于低碳智慧建筑的教学案例分析，需要明晰低碳智慧建筑的基本概念和内涵。低碳智慧建筑是指通过采用先进的建筑设计理念和技术手段，以最小的资源消耗和环境影响，最大化地提高建筑物的能源效率、舒适性和智能化水平的建筑类型。在教学案例中，学生需要关注建筑物的整体设计、各项节能技术的应用以及智能化系统的集成等方面，从而全面了解和掌握低碳智慧建筑的设计和运行管理模式。

一个典型的教学案例可以选择实际项目中的低碳智慧建筑，如某国际奖项获奖的绿色建筑，或是某智慧园区内的示范建筑。在案例分析中，可通过详细的项目介绍和技术剖析，帮助学生理解低碳智慧建筑的实际运作原理。比如介绍某建筑项目在设计之初如何进行能源模拟和评估，如何选择合适的建筑材料和结构以提高能效，如何通过智能传感器和物联网技术实现对建筑环境的实时监测和调控，如何采用可再生能源系统如太阳能光伏、风能等来减少非可再生能源的消耗，以及垃圾处理系统和雨水收集系统等配套设施对低碳建筑的重要性。

在进行教学案例分析时，还需要结合具体项目中的数据和结果，如建筑能耗、二氧化碳排放量减少比例、节能效果评估、用户满意度调查等。这些具体的数据能够更加直观地展示低碳智慧建筑的实际效果和社会经济效益，使学生能够通过具体的数字来理解低碳智慧建筑在可持续发展中的现实意义。此外，通过对数据进行分析和比较，还能培养学生的分析能力和数据处理能力，为以后的实际工作奠定基础。

实际操作与理论知识的结合是教学案例分析与实践的重要组成部分。在课题研讨或项目工作中，学生可以亲身参与低碳智慧建筑设计的模拟演练，进行节能技术的实验和测试。在实验室环境中，学生可以模拟真实建筑中的能源消耗情况，通过调整不同的技术参数和控制策略，观察和记录各种节能措施对系统整体能耗的影响。例如，可以通过模拟软件进行光照模拟、通风模拟、温度控制模拟等实验，结合物理实验证明其效果，这不仅能强化学生对理论知识的理解，还能提高其操作技能和问题解决的能力。

此外，案例的实践环节也要关注学生的团队协作和跨学科合作能力。在实际操作中，低碳智慧建筑涉及建筑设计、能源管理、信息技术等多个专业领域，学生需要通过团队合作，整合不同的知识和技能，才能完成一个高效、可行的低碳智慧建筑项目。通过案例实践，学生能够体验到跨学科合作的重要性，并在过程中培养团队协作精神和协调能力。

为了最大限度地利用教学案例的教学资源，可以在教学过程中引入虚拟现实（VR）和增强现实（AR）技术。通过虚拟现实技术，学生可以沉浸式地体验低碳智慧建筑的设计和运行场景，增强对其原理和效果的感性认识。通过增强现实技术，学生可以在真实环境中观测和操作模拟设备，进行交互式的学习和实验。这些先进技术的应用能够极大地提高教学效果，使学生具备更为丰富的感知和实践经验。

# 第二节　城市污水处理教学资源的开发与利用

## 一、污水处理的基本理论

污水处理的核心目的是通过物理、化学和生物的方法去除污水中的污染物，以达到排放标准或再利用的水质要求。污水处理过程通常包括一级处理、二级处理和三级处理。一级处理主要通过沉淀和过滤去除污水中的悬浮固体;二级处理利用微生物降解污水中的有机污染物;三级处理进一步去除残留的有机物、氮磷等营养元素,达到更高的净化效果。

在一级处理阶段,重力沉淀池和过滤设备是主要的工具。重力沉淀利用水与悬浮固体的密度差,通过静置使较重的固体颗粒沉降,从而与水分离。滤池则通过不同介质(如石英砂、活性炭等)对污水进行过滤,截留粒径较大的悬浮物。一级处理之后,污水中大部分的大颗粒悬浮物会被去除,但污染物去除率有限,仍含有大量溶解或胶体状的有机和无机污染物,因此需要进行更加彻底的二级处理。

二级处理的重点是生物处理,通过微生物的代谢活动将污水中的有机物和部分无机物转化为无害的气体、液体或固体。曝气池和生物膜反应器是常见的二级处理设施。曝气池通过充氧设备使污水中溶解氧含量增加,提供适宜的条件,促使好氧微生物将有机物氧化分解。常见的曝气方式包括鼓风曝气和机械曝气,曝气过程的设计与控制直接影响处理的效果和效率。生物膜反应器则通过微生物在填料表面形成的生物膜来降解污染物,这种方法具有较高的污水处理效率,且运行稳定,适用于各种不同浓度和成分的污水处理。

在三级处理阶段,主要目的是去除污水中残留的微量有机污染物、无机盐、重金属和营养元素(如氮和磷)。常见的三级处理方法包括活性炭吸附、离子交换、电化学处理和高级氧化技术。活性炭吸附通过激活后的炭材料对污水中的残留有机污染物进行吸附,达到去除的目的;离子交换技术利用特定的离子交换树脂去除水中的离子污染物,如氨氮和重金属离子。电化学处理通过电解过程,改变水中污染物的化学性质或使其沉淀;高级氧化技术使用强氧化剂如臭氧、过氧化氢以及紫外线等,使有机物质分解为简单的无机物或生成无害的副产物。此外,现代污水处理还引入人工湿地、生态塘等自然处理系统,通过生态方法进一步净化污水,具有良好的生态效应和经济效益。

污水处理的效能不仅取决于具体的处理技术,还与处理工艺流程的总体设计密切相关。针对不同类型的污水,例如生活污水、工业废水和农业径流,需要制定相应的处理流程和方案,最大限度地提高处理效能并降低成本。工艺流程的设计通常包括污水来源分析、水质监测、处理目标设定和设备选型等环节。现在越来越多的现代污水处理厂采用了计算机控制技术，根据实时监测数据自动调节处理流程和参数，以实现优化操作和精确管理。

污水处理的技术不断发展，现代化的污水处理研究还包括膜分离技术和生态处理技术的进一步应用与创新。膜分离技术包括微滤、超滤、纳滤和反渗透，可以有效去除污水中的微粒、病毒、细菌和溶解性有机物，生成高纯度的水。尽管膜分离技术具有出色的处理效果，但同时也存在成本较高、易堵塞等问题，急需在材料科学和工艺优化上取得突破。生态处理技术通过模拟和增强自然生态系统的净化功能，可兼顾污水处理与生态环境保护目标，应用前景广阔。

在城市污水处理过程中，不仅要关注技术层面的创新，还必须注意环保和资源的综合利用。处理过程中产生的污泥、沼气和中水等副产品需要妥善处置或加以再利用，实现污水资源化。例如，通过厌氧消化技术，将污泥转化为沼气并进行发电；利用中水回用技术在工业冷却、农业灌溉和城市绿化等领域循环利用处理后的水资源；通过污泥肥料化处理，实现农用或园艺利用。

## 二、城市污水处理技术及工艺

城市污水处理包括多个阶段和环节，每一个阶段和环节都有独特的技术要求和工艺特点。

城市污水处理技术及工艺主要可以分为物理处理、化学处理和生物处理三大类，每一类技术各自有其独特的优越性和适用性。物理处理技术主要包括筛滤、沉淀、离心分离等方法。筛滤是指通过机械装置将污水中的悬浮物、漂浮物和部分大颗粒沉淀物滤出，从而初步净化污水。筛滤法的优点是工艺简单、操作方便，但无法去除污水中的溶解污染物。沉淀法是利用重力作用使污水中的悬浮颗粒物下沉，从而实现固液分离。沉淀法易于操作，常用于污泥的预处理和后续深度处理之前的处理工序。离心分离则是通过离心力的作用使混合物中的固体和液体部分分开，对于一些比重不同的物质的分离效果较好。

化学处理技术在城市污水处理中的应用也十分广泛。这类技术主要包括化学沉淀、氧化还原反应和中和法等几种方式。化学沉淀法通过添加一些化学药剂，使污水中的部分溶解物质和微细悬浮物转化为不溶性物质，然后通过沉淀或过滤去除，可以有效地去除磷、重金属等污染物，但药剂添加量和处理效果之间需要精细的控制。氧化还原反应是通过引入氧化剂或还原剂，使污水中的某些有害物质转化为无害或低害的物质，这种方法主要适用于处理有机物、无机物和某些特殊污染物。中和法主要用于调节污水的pH值，通过加入酸性或碱性物质，使污水的酸碱度达到适宜的范围，从而减轻对后续处理工艺的影响。

生物处理技术是当前应用最为普遍和效果最显著的一类技术。生物处理方法利用微生物的代谢活动来降解和去除污水中的有机污染物，分为好氧处理和厌氧处理两大类。好氧处理是指在有氧条件下，通过兼性和专性好氧微生物的作用降解有机污染物。常见的好氧处理工艺包括活性污泥法、生物膜法和稳定塘法。活性污泥法是通过在曝气池中引入空气，促进微生物生长，使其将污水中的有机污染物转化为二氧化碳、水和新的微生物细胞，该方法能有效处理高浓度有机污水，处理效果稳定，是目前应用最广泛的生物处理工艺之一。生物膜法则是在滤床上附着微生物，污水通过滤床时，微生物分解有机物，这种方法的优点在于占地少、管理方便。稳定塘法是将污水引入天然或人工设计的水塘中，通过藻类、细菌、浮游动物等微生物的联合作用净化水质，这种方式的经济成本较低，但占地面积大、处理周期长。

厌氧处理在无氧条件下，由厌氧微生物将复杂的大分子有机物降解成为甲烷、二氧化碳等小分子的气体和少量有机酸。这种处理方式适用于高浓度有机污水，可以产生产能、变废为宝。厌氧处理工艺包括厌氧消化、上流式厌氧污泥床(UASB)等。厌氧消化是通过厌氧微生物的代谢活动，将污水和污泥中的有机物分解，产生甲烷等可燃气体，既处理了污染物，又能将产生的沼气用于能源利用。UASB反应器具有较高的处理效率和较小的占地面积，但对操作管理的要求较高，适用于较高浓度有机污水的处理。

随着科技的进步和环境保护要求的提高，各种新型污水处理技术也不断涌现。比如，膜生物反应器（MBR）将膜分离技术与生物处理有机结合，通过膜组件将处理后的清水分离出来，不仅能有效截留活性污泥、提高微生物浓度、增强处理效果，同时还能解决传统工艺中存在的污泥膨胀问题，出水水质好且稳定。高级氧化技术（AOPs）是通过产生具有很强氧化能力的羟基自由基，降解污水中的难降解有机污染物，包括臭氧氧化、光催化氧化、电化学氧化等，这些技术效率高、速度快，但设备和运行费用较高，多用于工业污水和部分市政污水的深度处理阶段。

通过对多种污水处理技术及工艺的综合应用，城市污水处理系统可以实现高效、稳定的运行，从而最大限度地保护城市的水资源和生态环境。通过技术的不断创新和突破，现代城市污水处理的成效将会显著提升，为绿色城市建设提供强有力的技术保障。

## 三、污水处理设备的选型与应用

污水处理设备的选型应考虑处理效率、处理能力以及对不同性质污水的适应性等因素。处理效率是污水处理设备的关键指标，它直接影响到出水水质和平衡生态环境的能力。在教学中，必须介绍各种污水处理技术的处理效率，对比分析不同技术和设备的优劣。例如，生物处理方法如活性污泥法、膜生物反应器等，其处理效率较高且运行稳定，但对操作条件要求较高。物理化学处理法如化学沉淀、吸附、离子交换等，虽然适用范围广，但需补充化学药剂，运行成本较高。通过实际案例和数据分析，学生可以更好地理解各类设备的处理效率及其适用场景。

处理能力是指污水处理设备在特定时间内能够处理的污水量，这一指标与城市污水的产生量直接相关。在教学中，需讲解如何根据城市污水量的变化，合理规划设备的处理能力。例如在汛期，雨水混入污水管网会导致污水量骤增，此时如何确保设备的持续、高效运转，避免污水溢流污染环境，是教学的重点之一。此外，处理能力还涉及设备的扩展性和冗余配置，保证在设备检修或故障时，不影响整体污水处理系统的正常运行。

污水的性质千差万别，不同类型的污水对处理设备的要求也不同。城市污水主要包括生活污水和工业污水，不同行业的工业污水成分复杂，污染物的物理化学性质差异较大。在教学中，需重点讲解常见工业污水处理技术及设备的选型方法，如对含油污水采用气浮设备，对高氨氮污水采用氨吹脱塔，对重金属污水则需采用化学沉淀加吸附等联合处理工艺。通过这些案例，学生可以了解到不同类型污水处理设备的选型技巧和应用实例，深化其对设备选型的理解。

在污水处理设备的应用中，自动化控制技术的引入大大提高了污水处理的效率和稳定性。现代污水处理厂普遍采用可编程逻辑控制器（PLC）和数据采集与监控系统（SCADA）进行自动化控制。在教学中，应结合具体设备操作实例，讲解PLC和SCADA的基本原理、设计与编程方法，以及它们在污水处理设备中的应用。例如，通过传感器检测水质参数，让学生实地观察并模拟如何根据这些数据自动调整设备运行参数，达到最佳处理效果。同时，还应介绍常见的自动化控制系统故障及其应对措施。

经济性是污水处理设备选型中不可忽视的重要因素。在教学中，必须让学生了解如何以最少的建设成本和运行成本实现最好的处理效果。需要综合考虑设备的采购成本、运行成本、维护费用、使用寿命以及可能产生的二次污染等。通过项目案例分析经济效益和环保效益，指导学生进行成本效益分析，从而在实际工作中能够做出科学、经济的决策。此外，应当将绿色化学、节能减排等理念贯穿于污水处理设备选型的全过程，培养学生的可持续发展意识。

实际应用中，污水处理设备的维护与管理同样至关重要。设备的正常运行离不开日常的维护保养和科学的管理制度。在教学中，应系统介绍常见污水处理设备的维护方法与管理规程。例如，针对曝气设备，需要定期检查曝气盘的堵塞情况，及时清洗和更换曝气头。离心设备则需关注运行噪音和振动情况，通过电机保护器检测设备电流与温度，防止过载运行。同时还要教授设备检修的基本技能和安全操作规程，确保学生能够独立完成简单设备故障的排查与维修，提升其实践与动手的能力。

## 四、教学实验与实践活动

在教学实验与实践活动中，应该突出实验设计的重要性。实验设计是确保实验教学顺利开展的前提。教师需根据所要达成的教学目标，结合污水处理的具体环节，例如沉淀、过滤、消毒等，设计出多样化的实验项目。这些实验项目应涵盖污水处理的各个关键步骤，使学生能够从整体上把握理论知识，并通过实地操作了解每一步骤的实施过程及其重要性。例如，在沉淀环节，教师可以设计实验让学生观察污泥的沉降过程，并通过测量不同时间段的污泥体积，了解沉淀池的效率和影响因素。同时，教师需要在实验中强调安全操作规程，确保学生在实验中能够规范操作，避免危险。

教学实验与实践活动应注重操作技能的培养。污水处理不仅是一个理论问题，更是一个实践性很强的工程技术问题。因此，在教学中，教师应设计一些综合性较强的实验，让学生在实验中充分运用所学知识，解决实际操作中遇到的问题。例如，可以安排模拟现实污水处理厂的实验项目，学生在实验中扮演不同角色，操作不同设备，从水质检测到污泥处理，全面了解污水处理的全过程。通过这种方式，学生不仅可以深刻理解每个处理单元的功能和作用，还能提高团队协作能力和工程实践能力。

为了提高实验教学的效果，教师应合理利用现有的教学资源。例如，学校的实验室、模拟污水处理系统等都是宝贵的资源。教师可以组织学生参观学校附近的污水处理厂，让学生亲身体验实际工程环境，观察实际设备操作，理解理论知识在现实中的应用。此外，教师还可以利用多媒体教学手段，播放相关视频资料，使学生更直观地了解污水处理的各个步骤及其技术要点。

教学实验与实践活动中，还要注重培养学生的科研能力和创新精神。教师可以鼓励学生在完成基础实验的基础上，开展一些自主选题的研究性实验。例如，针对污水中的某些特定污染物，学生可以自行设计实验方案，通过对比不同处理方法的效果，探索最优的处理工艺。在这个过程中，教师可以给予指导和支持，帮助学生解决实验中遇到的问题，培养其科研思维和创新能力。这种开放性的实验设计，有助于学生在理论与实践的结合中，加深对污水处理技术的理解，同时也有助于培养他们的自主学习能力和创新精神。

另外，实验数据的分析与处理也是教学实验与实践活动中的重要环节。教师应指导学生在实验后进行数据整理和分析，通过数据反映问题、得出结论。例如，在进行污泥沉降实验后，学生可以通过绘制沉降曲线，找出沉降过程中的关键时间点和影响因素。教师可以通过这种方式，培养学生的数据处理能力和数据分析思维，使他们养成科学严谨的实验作风，从而准确理解实验结果，并能依据数据进行合理推断和优化建议。

为了进一步提升教学效果，教师应强调教学反馈的重要性。教师通过实验报告、课堂讨论等多种形式，了解学生在实验中的收获和困惑，及时进行总结和答疑，确保每个学生都能抓住教学的重点、解决学习中的疑点。教师还可以通过测验、问卷调查等方式，评估学生对实验内容的掌握程度，并根据反馈情况，对实验教学进行改进和调整，不断提高教学质量。

# 第三节　道路绿化教学资源的开发与利用

## 一、道路绿化的生态与环境意义

从城市气候调节、空气质量改善到生物多样性保护等方面，道路绿化都发挥着不可替代的作用。其生态与环境意义不仅体现为视觉美感的提升，更为城市及其居民带来了多重环保效益。

从气候调节的角度来看，道路绿化能够有效缓解城市热岛效应。城市因大量建筑物和混凝土覆盖，吸收并释放大量热量，使得城市温度普遍较高，而绿化带起到了自然空调的作用。通过蒸腾作用，植物将根系吸收的水分以水蒸气形式释放到空气中，从而降低了周围环境的温度。在夏季，高密度的道路绿化能够显著降低道路及其周边的温度，不仅减轻了市民的热感，还减少了城市能源消耗、提高了能源利用效率。

空气质量的改善是道路绿化的另一主要生态功能。植物在光合作用过程中消耗二氧化碳，释放氧气，是天然的空气净化器。同时，道路绿化还能够吸附空气中的粉尘和污染物。多种研究表明，绿化带能够显著减少空气中$PM_{2.5}$、$PM_{10}$等颗粒物的浓度。植物叶片和树冠通过物理吸附和沉降作用，有效阻止了污染物扩散。通过合理选择高效吸附污染物的树种，道路绿化能够进一步优化城市空气质量，降低呼吸道疾病的发病率，提升居民的生活品质。

道路绿化还为城市生态系统的可持续发展做出重大贡献。植被提供了野生动植物栖息地，保持了城市的生物多样性。在城市化进程中，许多自然栖息地被破坏或缩减，而道路绿化带为多种动植物提供了必要的生存空间。建立互相连通的绿色廊道，不仅保障了特定植物物种之间的基因交流，还为鸟类、昆虫等提供了迁徙和繁殖的通道，有效提升了生态系统的稳定性和抗干扰能力。

而从水土保持的角度看，道路绿化也发挥着重要作用。在降雨时，植被能够通过其根系和叶片有效截留雨水，减少地表径流、降低水土流失。植被的根系还能够巩固土壤，防止水土流失和地表侵蚀，这对保持城市道路的稳定性和延长道路寿命具有积极意义。同时，绿化带能够吸收和蓄积部分雨水，补充城市的地下水资源，避免城市内涝和地表径流过多的问题，进一步提升城市水资源的可持续利用水平。

此外，道路绿化在减噪降噪方面也具有显著效果。城市中的交通噪声是影响居民生活质量的重要因素之一，而适宜的绿化带能够起到隔音墙的作用。植物的枝叶不仅能够直接阻挡和吸收噪声，还能够通过减少传导路径中的硬反射面，降低噪声的扩散和传播。多层次、多种类的绿化设计能够进一步增强降噪效果，为市民提供更为安静舒适的生活环境。

心理健康方面，道路绿化同样有其不容忽视的效果。研究表明，绿色环境有助于减少压力、缓解疲劳、提升情绪。行人在绿化良好的道路上行走，视野被绿色覆盖，更容易产生愉悦感和安全感，进而提升心理健康水平。道路绿化还可以提供休闲娱乐的场所，促进市民之间的互动和交流，营造和谐的社区氛围。

道路绿化具有如此多的生态和环境意义，因此在进行城市规划和建设时，应该更加重视其设计和维护。合理选择适宜的树种和植物组合，根据季节和气候条件进行科学的栽培和管理，不仅能够最大限度地发挥绿化带的生态功能，还能确保其长期的稳定和可持续发展。同时，加强公众的环保意识和参与度，让更多的市民了解和支持道路绿化工作，是实现绿色城市建设的重要保障。

## 二、绿化植物的选择与配置

在进行绿色城市建设时，道路绿化是一个不可或缺的重要组成部分。而在道路绿化过程中，绿化植物的选择与配置是至关重要的环节。科学合理地选择和配置绿化植物不仅能够提升城市的美观度，还能增强其生态功能，为城市居民提供一个更加宜居的环境。

选择适合的绿化植物是成功的关键。不同的植物具有不同的生长习性，对环境的适应能力以及对污染的耐受度也不同。因此，在选择植物种类时，需要充分考虑城市特有的气候条件、土壤类型和水文状况。例如，在湿润地区可以选择水杉、樟树等需水较多的植物，而在干旱地区则应选择抗旱能力强的植物，如龙舌兰、仙人掌等。此外，还需考虑植物对于城市污染物的耐受能力，如重金属、汽车尾气等，选择一些具有较强净化环境能力的植物种类，如银杏树、桉树等，这些植物能够吸收空气中的有害物质，起到净化空气的作用。

植物的四季变化也是选择过程中的一个重要考虑因素。在不同的季节，植物的外观会有明显变化，一些植物在春夏开花，一些植物则在秋冬结果。通过合理搭配，能够保证一年四季都有观赏效果，同时丰富城市景观。例如，在春天，可以选择开花艳丽的樱花、桃花，而在秋天，则可以选择果实累累的柿树、枫树等。此外，还可以根据不同植物的叶色变化，使道路景观更加丰富多彩。

在配置绿化植物时，不仅需要考虑植物的种类，更需要合理设计植物的层次和布局。多层次的植物配置不仅能够增加景观的深度和层次感，还能有效利用空间资源，提高绿地的生态功能。通常可以采用乔、灌、草结合的方式进行配置，即在高层设置乔木，如樟树、法桐等；中层设置灌木，如杜鹃、茶花等；底层则布置一些地被植物，如矮生草坪、三七花等。这样的配置方式不仅能够增加绿化量，还能起到防尘降噪、调节气温的效果。

植物配置的密度同样是一个需重点考虑的问题。过于稀疏的植物配置难以达到预期的绿化效果，无法有效改善城市的生态环境；而过于密集的配置，则可能导致植物间争夺资源，影响其正常生长，甚至诱发病虫害。因此，在设计植物配置密度时，需要根据各类植物的生长特性和环境需要，确保每一种植物都有足够的生长空间，同时达到最佳的绿化效果。例如，对于快速生长的树种，可以适当加大配置密度，而对于生长缓慢但空间需要大的植物，则应降低密度，以确保其能够健康生长。

绿化植物的选择和配置还应考虑到与道路设施的协调性。树木的高度、根系的扩展范围等都会对周围的道路、管线和基础设施产生影响。因此，在选择大型乔木时，需要预留足够的生长空间，避免对地下管线和道路造成损害。同时，对于一些低矮的灌木和地被植物，则可以灵活布置在道路旁边或中间分隔带，起到美化和引导交通的作用。

在进行道路绿化植物的选择与配置时，也不能忽视植物的养护和管理。良好的养护能够延长植物的寿命，提高其景观和生态功能。因此，在进行植物选择和配置时，需要结合后期养护的难易程度，选用一些抗性强、病虫害少且容易管理的植物。例如，选择一些本地原生植物，因为本地植物通常对当地的气候和土壤适应性更强，不需要过多的特殊照料，同时也能避免引进植物可能带来的生态风险。

在进行植物配置和选择过程中，还需考虑居民的参与和文化习惯。居民的喜好、对特定植物的情感和文化寄托都会影响其对于道路绿化的态度。例如，在一些特定的节日，居民可能会希望看到一些具有象征意义的植物，如春节期间的梅花、端午节的艾草等。因此，在进行植物配置时，可以适当融入这些具有文化象征意义的植物，使得绿化更具人情味和文化特色，同时也能提高居民的参与感和满意度。

最后，还需结合现代科技手段，利用植被数据库、植物配置模拟软件等工具，进行科学化、精确化的设计和规划，通过模拟和反馈不断优化植物选择和配置方案，确保道路绿化的效果达到最佳。在整个过程中，需要不断进行科学研究和实践，总结和推广成功经验，不断提升道路绿化水平，为实现绿色城市建设目标作出贡献。

# 三、道路绿化设计与施工技术

道路绿化设计与施工技术涉及道路绿化规划、植物选择、技术应用、管理维护等多个方面，需要综合考虑景观效果、生态效益、社会需求以及经济成本等多种因素。

道路绿化设计的首要任务是科学合理地进行空间规划。在规划过程中需要综合考虑道路的宽度、交通流量、人行道的存在与否等多种因素。在不同的道路类型中规划绿化带，例如主干道、次干道、支路、人行道等都需要有不同的设计理念。主干道的绿化带设计应重点考虑高大的乔木与灌木的合理配置，以形成遮阳效果，减轻路面热岛效应。同时，次干道的绿化设计则更倾向于局部美化，增加群众休闲活动空间。

植物选择是道路绿化设计中的另一个重要环节。不同植物的生长习性、冠幅、耐性、观赏性等都需要综合考虑。在选择树种时应尽量选择本地树种，它们适应本地气候，维护成本低，且能较好地与周边自然环境融合。同时，还应注意四季变化，选择适当的常绿树种和落叶树种，确保一年四季有景可赏。此外，还应考虑植物的病虫害防控问题，选择耐病虫害的品种，减少化学农药的使用，以达成环保效益。

在道路绿化施工环节，首先需要进行土壤改良，确保植物根系能够良好生长。施工前需要进行土壤检测，根据检测结果适当增加有机质、调整pH值等。栽种过程中应注重苗木规格的选择，选择树干粗壮、根系发达的优质苗木，提高成活率。在种植时要注意保持适当的种植距离，防止植株间相互影响，从而影响生长效果。对于大规格乔木的栽种，更需特别注意，宜采取开挖大穴并施底肥的办法，保证其根系的良好发展环境。植树之后还需要充分的灌溉工作，确保补给苗木所需的水分，为其生根生长提供条件。

施工过程中不仅要注重苗木的种植，还应关注灌溉系统的设计与设施安装。在城市中，采用低耗水、节水灌溉形式，如滴灌、喷灌等，可以有效节约水资源。在灌溉系统的设计中，应考虑到道路的不同位置水压、水量的差异，同时安装相应的监控装置，提升灌溉设施的智能化管理水平，及时进行维护和调整，确保绿化效果的持续性。

另外，伴随着科技的发展，智慧绿化管理技术也逐渐被应用于道路绿化维护中。运用物联网技术可以实现对绿化植被的实时监测，了解植物的生长状况、水分需求、病虫害情况等。通过智能化的系统来合理安排灌溉、施肥和防治病虫害，可以有效提高管理效率，减少人力成本。

在道路绿化施工结束后，后续的养护管理工作同样至关重要。树木的修剪、施肥与病虫害防治是保障绿化效果的关键。需要定期对绿化带内的植物进行修剪，以保证其良好的形态和健康生长。在施肥方面，也需要注意有机肥的使用，减少对化肥的依赖，改善土壤环境，从根本上增强植物的抗病能力。同时，病虫害防治工作要坚持预防为主、综合治理的原则，尽量采用生物防治和物理防治的方法，减少农药使用，保护环境。

在道路绿化设计与施工技术的应用过程中，需要充分考虑市民的需求与城市发展的长期规划。设计不仅要保证美观的景观效果，更要为市民提供舒适、安全、便捷的休憩场所。同时，还应尽量避免因植物落叶、果实等对道路交通的影响，保持清洁，保障行车与行人的安全。

## 四、道路绿化养护管理

在进行道路绿化养护管理时，一是需要对道路绿化的现状和类型进行详细的调查和评估。不同类型的道路绿化有不同的生长环境需求和维护标准，包括行道树、绿化带、公路防护林等，每一类型的养护管理策略都会有所不同。行道树通常具有较强的适应能力和抗污染性，但仍需进行定期的检查和修剪，以确保其树冠均匀，保持良好的通风和光照条件。绿化带内的植物种类多样，草坪、灌木、花卉等需要互相搭配，形成连续的绿色景观带，其养护管理需要注重土壤改良、病虫害防治以及合理修剪等工作。公路防护林主要起到防风、防尘、隔离等作用，其养护管理重点应放在土壤水分管理、防火措施以及适时补植等方面。

二是道路绿化养护管理的核心是土壤和水分的管理。土壤作为植物生长的基础，其质量直接影响到植物的生长状态。合理的土壤改良措施包括增加有机质、合理施肥和改进土壤结构等。水分管理主要是保证植物在不同季节和气候条件下都能获得充足的水分，尤其是在干旱季节，需要特别注意浇灌的及时性和科学性。合理的浇灌方式可以减少水资源浪费，并且防止植物因水分不足而枯萎。

三是修剪和整形是保证道路绿化植物健康生长的重要环节。植物的修剪能够促进新枝的生长，保持其生长势头，并能通过修剪的整形手段使植物的形态更加美观，适应城市景观的需要。修剪工作通常在植物的休眠期进行，避免对植物造成过多的伤害。灌木和花卉需要定期修剪，以防止枝叶过于茂密，影响通风和光照。

四是病虫害防治是道路绿化养护管理中的一个难点。城市中的植物容易受到各种病虫害的侵袭，尤其是在高温高湿季节。病虫害的防治应遵循"预防为主，综合防治"的原则，采用生物防治、物理防治和化学防治相结合的方法。定期对植物进行检查，及时发现病虫害，采取相应措施进行控制，可以大大减少病虫害对植物的危害。

五是冬季养护是确保道路绿化植物能够顺利过冬的关键。冬季气温低，容易对植物造成冻害。针对不同的植物种类采取相应的防寒措施，例如对树干进行包裹、铺设防寒布等，可以有效减少冻害。同时，还应注意植物根系的保护，防止冻伤。

六是每年的春季和秋季是植物生长的旺季，这两个季节的养护管理工作尤为重要。春季万物复苏，植物进入快速生长期，需要进行合理的施肥和补水工作，促进植物的生长和发育。秋季植物开始积累养分，为过冬做准备，此时的施肥和修剪工作有助于提高植物的抗寒能力，促使其健康生长。

七是道路绿化养护管理还应重视绿化设施的维护。包括绿化带内的灌溉系统、排水系统和支撑架等设施。灌溉系统的堵塞和损坏会影响植物的正常浇灌，排水系统的故障可能导致植物根部积水，影响其呼吸和生长。定期检查和维护这些设施，确保其正常运行，是道路绿化养护管理不可或缺的一部分。

八是道路绿化养护管理需要市民的积极参与和支持。市民的环保意识和维护行为直接影响到道路绿化的效果。通过宣传教育，提高市民对道路绿化的认知和重视，共同创建一个美丽、舒适、宜居的城市环境。通过社区活动、环保宣传，市民认识到道路绿化的重要性，积极参与到养护管理中来，共同维护我们生活的城市环境。这种全民参与的管理模式，不仅提高了绿化养护的质量，也增强了市民对城市环境保护的责任意识。

# 五、实践教学资源开发案例

为了有效地开发和利用道路绿化教学资源，需要先明确教学目标，并根据这些目标设计相应的教学内容和教学方法。道路绿化的教学目标包括：使学生理解道路绿化的基本理念和原则，掌握道路植物的选择和配置技巧，培养学生的设计和规划能力，以及提高学生的实践操作技能。基于这些目标，教学内容需要涵盖多个方面。比如，植物学知识，包括植物的分类、生态习性和生长特点；绿化设计与规划原理，包括空间布局、植物配置、景观效果等；实际操作技能，比如植树、修剪、土壤改良等。

开发实践教学资源的第一步是选择合适的实践场地。实际的道路绿化设计和施工需要在真实的场地中进行，这不仅包括城市道路，也可以是校园内部的道路、小区里的道路等。通过在这些场地上进行实际操作，学生可以直观地了解道路绿化的各个环节，从而加强他们的记忆和理解。教师需要与相关管理部门合作，争取到合适的场地，并做好前期的规划和准备工作，确保实践教学顺利进行。

道路绿化教学资源的开发离不开教材和教学用具的支持。要编写内容翔实、图文并茂的教材，教材中应包括道路绿化的基本理论知识、操作步骤和注意事项等。另外，还需要准备各种教学用具，如标本、工具、种植材料等。这些教学用具在实践教学中能够起到辅助作用，帮助学生更好地理解和掌握相关技能。

教学方法的创新也是道路绿化教学资源开发和利用的重要一环。传统的教学方法往往以课堂讲授为主，虽然能够传授大量的理论知识，但在实践操作上有所不足。因此，鼓励采用多样化的教学方法，比如项目式教学、模拟实训、互动体验等，使学生在动手实践中掌握知识和技能。项目式教学可以让学生根据实际情况，提出道路绿化的方案，并进行实施和评估；模拟实训可以通过虚拟现实技术，模拟绿化操作的全过程，让学生提前体验和练习；互动体验则可以通过示范和合作，让学生在互相学习和交流中提高自己的能力。

在实际教学过程中，还需要注重学生的个性化发展。不同学生的兴趣和特长各不相同，因此需要根据学生的具体情况，制定个性化的教学方案。有些学生可能在理论知识上比较薄弱，需要更多的课堂讲授和辅导；有些学生则在实践操作上较为擅长，需要更多的实训机会和挑战。教师需要在了解学生情况的基础上，进行差异化教学，使每个学生都能在原有基础上得到提高。

教学评价是教学资源开发和利用不可或缺的一部分。在道路绿化教学中，既要重视理论知识的考核，又要关注实践操作的评估。理论知识考核可以采取笔试、口试等形式，检查学生对基本概念、原理的理解程度；实践操作评估则可以通过实际操作、项目完成情况等多种形式，评价学生的动手能力和实践水平。教学评价不仅是对学生学习成果的检验，也是对教学过程的反馈，通过及时的评价和反馈，可以发现教学中存在的问题，及时调整教学内容和方法。

为了使道路绿化教学资源得到更好的开发和利用，还可以建立资源共享平台。这个平台可以包括各种教学资源，如电子教材、教学视频、绿化案例分析、学生作品展示等。资源共享平台的建立，可以使教师和学生便捷地获取所需资源，提高教学效率。同时，平台还可以作为一个交流和互动的平台，教师和学生可以在平台上进行经验分享、问题讨论，共同提高教学水平和学习效果。

多元化的教育评估在道路绿化教学资源的开发和利用中显得格外重要。通过多样的评估手段，不仅能够全面考查学生的知识掌握和技能水平，还可以评估教学资源的使用效果和教学方法的实施情况。比如，可以采用量化评价和质性评价相结合的方式，对学生的学习成果进行综合评估；还可以通过问卷调查、座谈会等形式，收集学生和教师对教学资源和教学方法的反馈意见，这些反馈意见可以为后续教学资源的开发和改进提供重要参考。

道路绿化教学资源开发和利用的案例分析是教学实效检验的重要环节。具体案例可以包括某一实际道路绿化项目的完整实施过程，从前期规划、设计，到中期施工，再到后期维护和反馈。通过对真实案例的分析，学生能够将理论知识与实际操作紧密结合，全面理解道路绿化的各个环节。同时，案例分析还可以通过引导学生发现问题、提出解决方案的过程，培养他们的创新思维和解决问题的能力。

实践教学资源开发过程中，还需要重视团队合作和社会责任感的培养。道路绿化项目往往需要多人协作，这不仅包括学生之间的合作，还需要与外部专家、管理部门、社区居民等多方合作。通过团队合作，学生可以学会沟通协调、统筹规划，提高团队合作能力和项目管理能力。此外，还可以通过实际项目的实施，让学生认识到道路绿化对于社会和环境的积极影响，从而增强他们的社会责任感和环保意识。

有效利用道路绿化教学资源，不仅能够提升学生的知识和技能水平，还能够为城市绿化事业培养更多的专业人才，从而有力推动绿色城市建设的发展。在这一过程中，需要教师、学生、管理部门等多方面的共同努力，不断完善和创新教学资源和方法，使教学更加高效、实用，达到培养高素质专业人才的目标。通过理论与实践相结合的教学模式，学生能够更好地适应未来的工作环境，为绿色城市建设做出积极贡献。

# 第四节　城市公共卫生教学资源的开发与利用

## 一、城市公共卫生概述

城市公共卫生是指为保障城市居民的身心健康，预防疾病传播，提升城市环境质量，并确保城市生活质量和社会稳定的一整套综合性公共卫生系统。城市公共卫生不仅涵盖医疗服务和疾病预防，还涉及环境卫生、饮水安全、污水处理、垃圾处理以及空气和噪音污染控制等领域。通过改善这些方面，城市公共卫生系统可以有效地提升居民的整体健康水平和生活满意度。

第一，城市公共卫生涵盖的一个重要领域是医疗服务的提供。城市中的医疗服务体系需要具备完善的基础设施和服务网络，涵盖初级、次级和高级护理服务。社区诊所、医院、急救中心等均是城市医疗服务体系的重要组成部分。完善的医疗服务体系不仅要注重疾病治疗，还要重视疾病的预防和健康的促进。开展健康教育、定期健康检查、疫苗接种等预防措施，可以有效减少疾病的发生率和传播风险。

第二，疾病预防在城市公共卫生中扮演着至关重要的角色。城市人口密集，人际交往频繁，疾病传播的风险相对较高。因此，城市公共卫生系统需要建立高效的疾病监测和预警机制，及时发现和控制传染病的暴发。例如，流感、高传染性呼吸道疾病等在冬季更容易暴发，公共卫生机构需要建立起快速响应机制，通过隔离、消毒、广泛疫苗接种等措施来有效遏制疾病传播。同时，城市公共卫生还需考虑非传染性疾病的预防，通过健康教育与宣传，倡导健康生活方式，减少心血管疾病、糖尿病等慢性疾病的发生。

第三，环境卫生是城市公共卫生的另一重要组成部分。城市的快速发展往往伴随着环境污染问题的加剧，例如工业排放、汽车尾气、建筑工地扬尘等都会影响城市的空气质量，而空气污染则可能导致呼吸系统疾病和心血管疾病。因此，城市公共卫生需与环境管理部门紧密合作，通过环境卫生执法、污染源控制、绿化工程等多种手段改善城市环境质量。饮用水安全同样是环境卫生的重要方面，城市公共卫生系统需要确保水源地的安全，建立健全的水质监测机制，确保居民饮用水符合卫生标准。此外，污水处理和垃圾处理环节也需纳入城市公共卫生的管控范围，科学系统的污水处理和垃圾分类回收能够有效降低环境污染、减少疾病传播途径，维护公众健康。

第四，相较于自然灾害引发的公共卫生风险，人为因素也不可忽视。城市的食品安全问题屡见不鲜，从生产、加工、储运到消费环节存在诸多潜在风险。城市公共卫生必须加强食品安全监管，定期开展食品质量检测，大力打击食品造假、掺假等违法行为。同时，通过开展食品安全知识的普及教育，提高市民食品安全意识，从而减少食品安全事故的发生。

第五，城市公共卫生还需特别关注弱势群体的健康服务，对于老年人、儿童、孕妇以及低收入家庭等群体，需要提供针对性的健康服务和保护措施。如通过政府政策扶持，为老年人提供免费的健康检查和慢性病管理服务；为儿童提供免疫接种和营养补助；为孕妇提供产前检查和产后恢复服务。这不仅有助于提升弱势群体的健康水平，也能够促进社会的和谐与稳定。

第六，城市公共卫生的重要组成部分还包括对突发公共卫生事件的应急处理能力。自然灾害、人为事故、传染病暴发等突发事件常常会对城市公共卫生系统提出巨大挑战。为此，城市需要建立健全的公共卫生应急体系，完善应急预案，配备必要的应急物资和设备，定期开展应急演练，提高应急反应能力和协调能力。这不仅能够在突发事件发生时迅速有效地控制和解决问题，还能够维护城市居民的正常生活秩序。

信息技术在城市公共卫生领域的应用日益广泛和深入。大数据、物联网、人工智能等技术的应用，可以极大提升公共卫生管理的效率和精准度。例如，通过大数据分析，可以对疾病传播趋势进行预测；利用物联网技术，可以实现对环境污染源的实时监测；借助人工智能，可以进行疾病诊断和个性化健康管理。信息技术的发展不仅推动了城市公共卫生的现代化，也为居民提供了更加便利的健康服务。

城市公共卫生的提升需要政府、社区、企业以及市民的共同努力。政府在政策制定、资源配置、执法监督等方面发挥主导作用；社区在服务提供、信息传播、群众动员等方面具有独特的优势；企业可以通过技术创新和社会责任实践为公共卫生事业做出贡献；市民则是公共卫生的最终受益者，通过积极参与公共卫生活动，提升健康素养，可以共同打造一个健康、宜居的城市生活环境。

## 二、城市公共卫生基础设施建设

现代城市的公共卫生基础设施建设涵盖了多个方面，包括但不限于医院、诊所、污水处理系统、垃圾处理系统以及公共卫生教育设施等。

医疗设施是城市公共卫生基础设施建设的核心组成部分。高质量的医疗设施不仅能够提供必要的医疗服务，同时还能够承担起预防和控制疾病的任务。城市需要建设足够数量的医院和诊所，并确保其均衡分布，使每一位市民都能够方便地获得医疗服务。这不仅涉及硬件设施的建设，还涉及医护人员的培训和资源的合理分配。此外，医院和诊所的建设应当采用绿色建筑标准，利用可再生能源、节能技术和环保材料，减少医疗设施对环境的负面影响。在信息化时代，智慧医疗逐渐成为趋势。通过互联网、大数据和人工智能技术，医院可以实现远程医疗、电子病历和智能诊断，提高医疗服务的效率和准确性。这些措施不仅能够提升医疗服务的质量，还能够减少患者的医疗费用，从而提高公众的健康水平。

环境卫生设施也是城市公共卫生基础设施建设的重要组成部分。一个城市的环境卫生状况直接关系到市民的健康状况。首先要对城市的排水系统进行全面的升级和改造，确保污水能够得到及时、有效的处理。现代化的污水处理厂不仅要具备高效的处理能力，还应该能够处理各种复杂的工业废水和生活废水，确保排放的水质达标。其次，城市垃圾处理系统的建设也同样重要。垃圾分类、再生资源利用和无害化处理是城市垃圾管理的三大关键策略。通过建设现代化的垃圾处理厂，采用先进的焚烧技术和垃圾填埋技术，能够有效减少垃圾对环境的污染。同时，推广垃圾分类和回收利用，可以大大减少垃圾处理的难度和成本，提高资源的利用效率。环境卫生设施还包括公共卫生间的建设和维护，这些设施虽然看似细微，却直接反映了一个城市的文明程度和生活质量。

应急响应系统是保障城市公共卫生安全的关键设施。一个城市的应急响应系统由多个部分组成，包括应急医疗队伍、应急物资储备和应急指挥中心等。首先，需要建立一支专业的应急医疗队伍，配备先进的救援设备和药品，能够在突发事件发生时迅速响应、有效救援。这支队伍需要定期进行培训和演练，熟悉各种灾害的应对流程。其次，应急物资的储备也十分关键。城市需要建设若干应急物资储备中心，存储充足的药品、医疗器械、防护用品和应急食品等，确保在突发事件中能够及时提供帮助。最后，还需要建设一个高效的应急指挥中心，通过大数据、物联网和人工智能技术，实现对各种突发事件的实时监控和应急指挥。应急指挥中心应当具备快速决策的能力，能够根据不同的应急情况制定具体的应对策略并迅速实施。

健康教育设施在公共卫生基础设施建设中同样不可忽视。健康教育是预防疾病、提高公众健康水平的有效手段。城市需要建设一系列健康教育设施，包括社区健康教育中心、学校健康教育机构和公共健康宣传平台等。社区健康教育中心可以通过组织健康讲座、健康体检和健康咨询等活动，向社区居民普及健康知识，提高其健康意识和自我保健能力。学校健康教育机构则可以通过设置健康教育课程、组织健康活动，培养学生的健康生活习惯和健康意识。在信息化时代，公共健康宣传平台也显得尤为重要。通过互联网、社交媒体和手机应用等平台，城市可以向公众传播最新的健康知识和卫生资讯，提高公众的健康素养。在健康教育设施的建设过程中，应当注重设施的便利性和覆盖范围，确保每一位市民都能够方便地获取健康教育资源。此外，还应当注重健康教育的科学性和实用性，针对不同人群的健康需求提供相应的教育内容。

城市公共卫生基础设施建设还需要注重可持续发展。可持续发展不仅包含环保和资源节约的理念，还需要考虑社会和经济的协调发展。城市在建设公共卫生基础设施时，应当采用绿色建筑标准，减少能源消耗和污染排放。同时，应当重视社会公平，确保不同收入、不同年龄、不同性别的市民都能够享受到优质的公共卫生服务。在经济方面，应当考虑公共卫生基础设施的长期效益和运行成本，避免盲目投资和资源浪费。

城市公共卫生基础设施建设是一项复杂而系统的工程，需要政府、企业、社会组织和普通市民的共同参与和努力。在政府层面，应当制定完善的公共卫生政策和法规，提供必要的资金和技术支持，协调各部门的合作，推进公共卫生基础设施建设。在企业层面，应当积极参与公共卫生基础设施建设，提供先进的技术和设备，推动公共卫生领域的创新和发展。在社会组织层面，应当发挥其在健康教育、社会服务和公益活动中的作用，动员社会力量，共同参与公共卫生基础设施建设。在普通市民层面，应当加强健康观念，积极参与健康教育和公共卫生活动，共同维护城市的公共卫生环境。

只有通过全面覆盖医疗设施、环境卫生设施、应急响应系统和健康教育设施，并注重可持续发展的理念，才能构建一个完善的城市公共卫生基础设施体系，为城市居民提供安全、健康和高质量的生活环境。这不仅是提升城市竞争力的重要措施，也是一项重大的民生工程，具有深远的社会、经济和环境意义。

## 三、城市公共卫生管理与政策

公共卫生管理不仅涉及传染病的防控与治疗，还包括对空气和水质量的监控、食品卫生、废弃物处理、医疗资源的合理配置等诸多方面。在公共卫生政策的制定过程中，需要综合考虑城市人口的分布、社会经济状况、环境质量以及医疗资源等多种因素，从而制定出切实可行的政策实施方案。

有效的城市公共卫生管理要求建立完善的公共卫生监测系统，通过数据采集与分析，及时发现并预警潜在的健康威胁。现代技术，如大数据分析、人工智能等，可以在此过程中发挥重要作用。通过对各类卫生数据的综合分析，可以迅速定位问题所在，并采取相应的干预措施。此外，建立城市公共卫生信息共享平台，能够提高不同部门之间的信息互通和协作效率，尤其是在突发公共卫生事件发生时，可以迅速协调资源，采取有效的应对措施。

城市公共卫生政策的设计需要充分考虑社区参与的重要性。社区居民是公共卫生政策的直接受益者和执行者，他们的参与和支持对于政策的成功实施至关重要。政府应通过各种渠道，如社区会议、宣传活动、教育培训等，增强居民的卫生意识和自我防护能力，提高社区自我管理水平。社区卫生服务中心应承担起居民健康教育的职责，定期组织健康讲座和体检活动，宣传科学的健康知识，普及健康生活方式。这种方式，不仅能提高居民的健康素养，还能增强社区的凝聚力和居民的幸福感。

在城市公共卫生管理中，环境卫生的维护同样是一个重要方面。环境污染是影响城市居民健康的重要因素，大气污染、水污染和土壤污染等问题都需要引起足够的重视。为了保护居民的健康，政府需要制定和实施严格的环境卫生标准和法规，定期监测环境质量，并对违反规定的企业和个人进行严厉处罚。同时，政府应推动环保技术的研发和应用，鼓励企业采用清洁生产工艺，减少污染物的排放。对于已经受到污染的环境，要采取有效的治理措施，逐步恢复其生态功能。

食品卫生安全是城市公共卫生管理的另一重要内容。食品安全直接关系到居民的健康，因此，对于食品生产、加工、储存、运输和销售等环节的监管必须贯穿始终。政府应制定并严格执行食品安全标准，对食品行业的各个环节进行不定期抽检，确保食品质量安全。同时，政府应加强食品安全法律法规的普及，增强生产者、经营者和消费者的食品安全意识，形成多方共同监督的良好局面。此外，政府还应建立食品安全追溯体系，当出现食品安全问题时，可以迅速查清问题的来源，及时采取相应措施。

城市公共卫生管理还需关注弱势群体健康保障。这些弱势群体包括老年人、儿童、低收入家庭、移民、残障人士等，他们往往面临更大的健康风险和更少的医疗资源支持。政府应在公共卫生政策中，着重关注这些群体的健康需求，提供更优质和亲民的医疗服务。例如，设立针对老年人和儿童的专门健康服务中心，提供免费或优惠的医疗检查和保健服务。对于低收入家庭，应提供医疗费用的减免或补助，确保他们获得基本的医疗保障和健康照护。

此外，城市公共卫生管理与政策离不开医疗资源的科学配置和服务质量的提升。医疗资源不仅指物质设备和医疗设施的充实，还包括高素质医疗人才的培养和合理调配。政府应重点加强基层医疗卫生机构建设，完善全科医生制度，推进医联体和分级诊疗制度的发展，从而提高医疗服务的可及性和公平性。提高医疗服务质量，需要建立科学的医疗服务评价体系，对医疗机构和医务人员进行定期考核，根据考核结果实施奖惩措施，促进医德医风的提升和医疗服务水平的不断提高。

在全球化背景下，城市公共卫生管理还应具备国际视野，加强国际合作与交流，共同应对日益复杂多变的公共卫生挑战。政府应积极参与国际公共卫生组织的活动，与其他国家和地区分享公共卫生管理的经验和成果，学习借鉴国际先进的公共卫生管理模式和技术。同时，应重视应对跨国性卫生问题的协作，如突发传染病防控、食品安全、环境污染等，形成全球公共卫生治理的联合力量。

# 四、典型案例及教学探讨

城市公共卫生教学资源的开发与利用应着重于收集和分析国内外成功的绿色城市公共卫生案例，这些案例不仅包括基本的健康医疗系统建设，还涉及预防性卫生措施、环境保护与卫生结合等多方面内容。比如，哥本哈根在公共卫生政策上的成功经验，可以为学生提供具体实操层面的参考。阅读和解析这些高质量的案例，不仅有助于学生理解城市公共卫生的复杂性，还可以促使他们在未来的工作中提出创新性思路。研究这些案例时，应包含详细的数据分析、政策背景、执行过程等信息，让学生全面了解每一个环节。

教学探讨的一个关键点在于实践性教学资源的应用，通过模拟实际场景或案例分析，学生可以直观地了解不同政策和措施的效果。比如，在模拟公共卫生危机时，如流感大流行，学生需要模拟制订应对方案，通过模拟演练来锻炼他们的应变能力和实际操作技能。这种互动式的教学方式，不仅让学生在理论学习中得到了具体的操作性指导，还培养了他们的团队协作和决策能力。因此，开发资源时，应注重建设真实的模拟场景和案例数据库，通过科技手段，如虚拟现实技术，增强教学的真实性，让学生身临其境，更好地理解并掌握公共卫生策略的实施与效果。

在城市公共卫生的教学资源中，实际调研和实地考察也应该占据重要的位置，这不仅能增强学生对理论知识的理解，还能培养他们的调查研究和实地分析能力。例如，可以组织学生参观环保先进的医疗康复中心、生态健康社区等地，深入了解其运行机制、卫生措施以及在这些具体环境下，如何结合生态设计以提升公共卫生水平。此外，与这些单位进行合作，可以安排学生在实际项目中参与数据收集、政策反馈等工作，让他们从实践中发现问题、解决问题，从而增强实践操作性和应用能力。

另一个不可忽视的教学资源是跨学科的综合项目和研究，城市公共卫生问题往往涉及城市规划、环境科学、社会学、管理学等多个领域的知识。在这一部分的教学资源开发中，能够与其他相关学科进行深度合作，比如通过联动城市规划系和环境科学系，共同开展多学科综合课程或项目研究，让学生在融合多领域知识的基础上，更加系统、全面地分析公共卫生问题。开发这些跨学科研究项目，既提升了学生的综合素质和创新能力，又能够让他们从不同角度理解和解决实际问题。

此外，专业导师制是开发和利用城市公共卫生教学资源的另一个有效途径。由具有丰富实践经验的行业专家、学者担任导师，带领学生进行课题研究和项目实践。导师不仅能提供学术指导，还能通过自身的行业经验，使学生更好地了解公共卫生领域的最新发展动态及未来趋势。这种一对一或小组指导的模式，不仅提升了教学资源的质量，还可以根据学生的个性化需求，制订专门的学习研讨计划，有针对性地解决每个学生在学习过程中遇到的问题。

在信息化时代，数字化教学资源的开发和利用也是不可或缺的一环。通过创建线上课程平台、建立多媒体案例库及互动式学习软件，可以方便学生在任何时间、任何地点进行学习。这些平台不仅能够提供大量的学习资源，如视频讲座、电子书籍、研究报告等，还可以通过互动形式，如在线讨论、模拟测试等，提高学生的学习兴趣和参与度。特别是通过大数据分析，可以跟踪学生的学习进度和效果，及时调整教学内容和方式，达到最佳的教学效果。

政策调研与分析也是城市公共卫生教学资源必不可少的一部分。教师可以带领学生深入研究国内外公共卫生政策的制定过程及其实际效果，通过对比分析不同政策的优劣，培养学生的批判性思维和政策评估能力。例如，可以研究某一城市在减少空气污染方面的政策措施与成效，对比不同措施的优点和不足，形成深入、全面的政策分析报告。

## 五、教学资源的整合与创新

教学资源的整合是提升教育质量的基础工作之一。对现有资源进行系统性的归类和整理，可以发现公共卫生教学中潜在的资源并将其有机结合，从而形成一个覆盖全面、内容丰富的资源库。例如，现有可以利用的教学资源不仅包括传统教科书、课件和讲义，还涵盖了大量的数字化资源，如电子书籍、在线课程、教学视频等。将这些资源整合到一个统一的平台上，建成一体化的资源管理系统，可以让学生和教师方便快捷地获取和使用，避免资源的浪费和冗余。

资源整合还应当重视跨学科和跨领域的资源整合。绿色城市公共卫生教学不仅需要公共卫生学、医学等主干学科的知识，还应融合环境科学、社会学、经济学等相关领域的内容，以形成综合性、系统性的教学体系。例如，在探讨空气污染对城市居民健康的影响时，不仅要讲解污染物的种类及其对人体的危害，还需涉及环保政策、经济影响及社会应对措施等多方面内容。这样的多层次资源整合不仅能丰富教学内容,还能培养学生的系统思维和综合分析能力,有助于应对实际工作中复杂的公共卫生问题。

教学资源的整合过程也要注重与实践环节的紧密结合,理论教育和实践能力的培养应当相辅相成。例如,可通过建立校外实践基地、组织社会调研和实习等活动,将课堂上学到的理论知识应用于实际问题的解决过程中。在实践中,学生可以深刻认识到绿色城市建设中存在的公共卫生问题,并通过实践探索和研究,提出科学合理的解决方案。这种深度教学资源的整合,不但能使学生更好地掌握公共卫生知识,还能提升他们的实际操作能力和解决问题的能力。

在优化整合现有资源的基础上,创新资源也是教学改革的重要课题。创新资源的开发可以从内容形式、教学方法和技术手段等多个方面入手。如在内容形式上,可以开发主题鲜明、案例丰富的教材和辅助读物,以真实的城市公共卫生问题为案例进行深入剖析,使学生能够通过案例学习了解到实际问题的复杂性和处理方法。在教学方法上,可注重互动式和参与式教学。通过研讨会、角色扮演、模拟演练等多种形式,学生可以主动参与到教学活动中,加强对知识的理解和记忆。此外,可通过开发问题导向的教学模块,让学生在完成项目中学习知识和技能,培养其解决实际问题的能力。

技术手段的创新也是不可忽视的重要方面,当前信息技术的迅猛发展为教学资源的创新提供了广阔的空间。例如,虚拟现实技术的应用能够让学生身临其境地体验公共卫生突发事件的应急处理过程,通过全景互动的虚拟环境学习,有助于提升学生的实践能力与应急反应能力。此外,在线学习平台和移动应用程序的开发与应用,可以为学生提供灵活多样的学习途径,通过实时在线指导、互动问答和资源分享等功能,构建一个多维度的学习环境。

在资源整合与创新过程中,还需不断进行教学效果的评估与反馈,建立健全的监控和评价机制,通过学生反馈、教学质量评估和教学研究相结合,不断优化和完善教学资源。教师应定期进行教学反思和经验分享,通过研讨会、学术交流等多种形式,沟通和探讨教学中的问题和经验,形成良好的教学氛围和教学文化。

总之，绿色城市建设中的公共卫生教学资源整合与创新不是一蹴而就的任务，而是一个不断探索、不断完善的动态过程，通过教学资源的系统整合和不断创新，不仅能提升公共卫生教学的质量和效果，还能为社会培养出更多具备环保意识和实践能力的城市建设人才，为实现绿色、健康、可持续发展的城市做出贡献。

## 第六章

# 绿色城市建设教学中的创新教育方法

## 第一节 项目驱动式教学方法在绿色城市建设教学中的应用

### 一、项目驱动式教学理论框架

项目驱动式教学理论框架是一个涉及多种教育理念和方法的综合性体系，旨在通过具体项目的实施来推动学生的学习和实践能力的发展。这一框架基于建构主义学习理论，强调在实际问题和情景中进行知识的建构，而不是通过传统的灌输式教学进行知识传递。这种方法注重学生作为学习主体的积极参与，使他们在解决真实问题的过程中获得知识、技能和态度。

项目驱动式教学需要从问题或项目开始，教师可以选择一个具有挑战性的、与绿色城市建设相关的实际问题作为项目的出发点。这个问题应当具有复杂性和多样性，能够涵盖多个学科领域，使学生在解决问题的过程中综合运用各种知识和技能。在项目启动阶段，教师要明确项目目标和预期成果，确保学生理解项目的主要任务和关键步骤。项目目标应具体、可测量，并与课程学习目标相一致。

在项目的实施过程中，教师扮演指导者和促进者的角色，提供必要的资源和支持，而不是直接提供解决方案。教师应鼓励学生进行自主学习和团队合作，培养他们的批判性思维和创新能力。在项目实施过程中，学生需要进行大量的调研、数据收集和分析工作，教师要指导学生使用科学的方法进行数据处理，确保结论的可靠性和有效性。同时，教师还需要注重培养学生的交流与合作能力，促进小组成员之间的有效沟通和合理分工。

在项目驱动式教学中，评估也是至关重要的一环。传统的考试和测验无法全面衡量学生在项目中的表现和收获，教师需要设计多维度的评估方法。评估可以包括过程评估和结果评估，过程评估关注学生在项目实施中的参与度、合作情况和解决问题的过程，结果评估则关注项目成果的质量和创新性。教师可以采用自评、互评和教师评价相结合的方式，全面、客观地反映学生的学业进展和能力提升。

在项目驱动式教学中，反思和反馈是学生不断进步的重要机制。教师应鼓励学生在项目完成后进行深刻的反思，分析项目实施过程中遇到的困难和解决途径，总结经验教训。教师应提供建设性的反馈，帮助学生发现不足和找到提升方向。同时，教师也应对自己的教学策略和方法进行反思，不断改进教学设计和实施，提高教学效果。

项目驱动式教学框架的另一个重要特点是资源的多样性和开放性。教师需要为学生提供多种形式的学习资源，包括文献资料、专家讲座、实地考察等，使学生能够通过多种途径获取信息和知识。教师还应鼓励学生利用网络和数字化工具进行学习和交流，拓展他们的学习空间和视野。

项目驱动式教学强调学生的主体地位，尊重学生的个性和兴趣。在项目选择和实施过程中，教师应尽量尊重学生的意见和选题意向，使他们对项目充满兴趣和热情。同时，教师要关注每个学生的发展需求，提供个性化的指导和支持，帮助他们克服学习中的困难，真正达到因材施教的目的。

项目驱动式教学框架不仅仅是现有课程内容的替代或补充，而是对传统教学模式的深刻变革。它需要重塑教师的角色，教师不再是单纯的知识传递者，而是学习的引导者和支持者。教师的教学观念、教学方法和教学策略都需要进行全方位的调整和转变。

这种教学理论框架还需要高效的管理和协调机制。学校和教育机构要为项目驱动式教学提供制度保障，包括时间安排、资源配置和评价机制等。项目的顺利实施需要多方面的协同合作，教师、学生、学校和社区等各个利益相关方都要积极参与，共同努力。

项目驱动式教学理论框架是一个复杂的系统工程，它不仅注重知识的学习，更注重能力和素质的培养。通过项目的实施，学生可以获得实战经验、提升解决实际问题的能力、培养合作意识和团队精神。同时，这种教学方式也能激发学生的创新潜能，使他们在学习过程中不断进步和突破。

这种教学模式还需要不断的实践和反思。实践中可能会遇到各种问题和挑战，教师和学生需要不断调整和改进自己的方法和策略，总结经验，寻找解决方案。反思是提升教学质量的关键环节，只有通过不断的反思和改进，项目驱动式教学才能真正实现预期的教育效果。

在绿色城市建设教学中应用项目驱动式教学方法，有利于学生更好地理解和掌握绿色城市建设的理论和实践技能。通过参与具体项目，学生可以深入了解绿色城市建设的各个方面，从而提高综合素质和实践能力。同时，这种教学方法也能培养学生的责任感和社会意识，激励他们为绿色城市建设贡献自己的智慧和力量。

## 二、项目驱动式教学的实施步骤及策略

实施项目驱动式教学需要从精心设计项目开始。项目的设计应充分贴合绿色城市建设的核心理念，通过具体的工程实例或虚拟项目，学生明确绿色城市建设的目标和要求。项目题材的选取应尽量真实与实际，以激发学生的兴趣，使其能够感受到学习与生活、工作之间的密切联系。

在确定项目题材之后，需要制订详细的项目计划。计划内容应包括项目的目标、具体任务、完成阶段、时间表以及评价标准等。要确保学生在不同阶段都能明确自己的任务和目标，从而有条不紊地推进项目的进行。教师在这一过程中要扮演好引导者和资源提供者的角色，帮助学生厘清项目思路，提供专业知识支持，并及时解决学生在执行项目过程中遇到的问题。

在项目的实施过程中，强调小组合作学习的方式。绿色城市建设离不开团队协作，项目驱动式教学通过小组活动，训练学生的团队合作能力及沟通协调能力。合理的分工、积极的讨论、有效的合作都是确保项目顺利进行的重要保障。教师在指导学生组建团队时应注意小组成员间的专业互补和性格互补，此外，设定合理的激励机制，可以激发学生的集体荣誉感和工作积极性。此外，师生互动贯穿于项目始终，教师应积极参与学生的讨论，适时提供方向性建议，确保项目在正确的轨道上进行。

在项目实施过程中，教师应注重学生实践能力和创新意识的培养。项目驱动式教学的目的不仅在于让学生完成特定任务，更在于培养其解决实际问题的能力。教师应引导学生结合实际情景，发挥创造性思维，提出切实可行的解决方案。例如，在某个绿色节能建筑项目中，学生可以探讨新型材料的应用、能效管理系统的优化、环境友好型建筑设计等方面的问题。通过思考与操作，学生不仅可以掌握理论知识，还能在实际应用中培养创新能力。

要确保项目驱动式教学的顺利实施，需注重项目的过程管理与监控。教师应采取多种方式对学生的学习过程进行动态跟踪和评价，例如，定期的项目进度汇报、阶段性成果展示、项目日志的记录等。通过这些方式，教师可以及时了解学生的工作状态，发现问题并提供针对性的指导。同时，定期的评价和反馈也能激发学生的学习动力，引导其在后续工作中不断改进与提升。

在项目驱动式教学的评价环节，要注重过程和结果的综合评价。除了对最终项目成果的展示与评价，教师还应关注学生在项目实施过程中的表现，包括其参与度、创新性、团队合作能力以及解决问题的思路与方法。评价方式可以多样化，例如，学生自评、同伴互评、教师评价相结合，对学生的综合能力进行全面评估。多维度的评价，可以更准确地反映学生的学业水平和能力发展情况。

项目驱动式教学应特别强调学生的自主学习和反思能力。在完成项目后，教师应引导学生对整个项目过程进行全面回顾和反思，从中总结经验，发现自己的优点和不足。在这一过程中，教师可以组织不同形式的交流活动，让学生分享各自的收获与体会，促进相互学习与借鉴。通过反思，学生可以加深对知识的理解，提升其独立思考和解决问题的能力。

项目驱动式教学在绿色城市建设教学中的应用，能够全面提升学生的实践能力、创新能力及团队合作精神，真正实现教学内容向实际应用的转化。

## 三、项目驱动式教学方法的优缺点分析

项目驱动式教学方法的优点之一是它可以大大提高学生的学习兴趣和参与度。相比于传统的课堂教学，项目驱动式教学更具互动性和实际操作性，能够激发学生的学习热情。学生在从事具体项目时，可以将抽象的理论知识与实际操作结合起来，这种学习方式使知识更容易理解和记忆。通过参与项目，学生还可以培养团队合作精神和沟通能力，这对于他们未来进入职场非常重要。

项目驱动式教学方法能够有效地提高学生的实践能力。在绿色城市建设的教学中，学生需要掌握大量的设计和施工技能，而这些技能单靠课堂讲授很难完全掌握。通过参与具体项目，学生可以亲身体验项目的每个阶段，包括规划、设计、施工和后期维护等。在此过程中，学生不仅能够深化对专业知识的理解，还能够积累宝贵的实战经验，为今后的职业生涯打下坚实基础。

项目驱动式教学方法还有助于培养学生的创新能力。绿色城市建设是一个综合性很强的领域，涉及建筑、环境、交通等多个方面，每个项目往往要求学生提出新颖的设计和解决方案。通过不断探索和尝试不同的方法，学生能够培养出发现问题、解决问题的能力，提升他们的创造力和创新意识。这种能力的提升不仅体现在学术上，也会对他们在未来工作中的表现有重要推动作用。

尽管项目驱动式教学方法有许多优点，但是它也存在一些不可忽视的缺点。首先，项目驱动式教学对于教师的要求较高。教师不仅需要具备扎实的专业知识和丰富的教学经验，还需要具备项目管理和组织能力。教师在设计项目时需要考

虑教学目标、学生水平和实际条件等多方面的因素，确保项目既具有挑战性又有可操作性。如果教师能力不足，项目驱动式教学很可能达不到预期效果。

其次，项目驱动式教学方法对教学资源的需求较高。绿色城市建设涉及诸多专业设备和材料，这些资源往往需要较高的投入。而大多数学校特别是资源有限的院校，可能无法提供足够的设备和材料支持。因此，在资源不足的情况下，项目驱动式教学可能面临实施困难。

再次，项目驱动式教学方法还有一个显著的缺点就是学生之间水平差异较大时可能会影响课堂效果。某些学生可能在项目中表现活跃，而另外一些学生则可能由于各种原因表现不佳，这样一来，项目的整体效果和教学目标的达成度都会受到影响。此外，项目驱动式教学通常需要较长的时间周期，学生在完成项目的过程中可能会遇到各种难题，如果不能及时得到解决，可能就会导致学生的积极性下降，最终影响学习效果。

最后，项目驱动式教学方法的评估和考核也是一个难题。相比于传统的笔试和作业，项目驱动式教学方法的评估需要考虑过程性评价和结果性评价相结合。这就要求教师在评估学生的学习效果时，既要看学生在项目过程中的表现，还要看项目的最终成果。如何设计合理的评估标准、确保评价公平公正，是项目驱动式教学中需要解决的重要问题。

尽管项目驱动式教学方法存在一些不足，但其在绿色城市建设教学中的应用前景依然十分广阔。通过合理设计项目、充分利用教学资源，并结合多样化的评估手段，教师可以更好地发挥项目驱动式教学的优势，帮助学生在实际项目中掌握绿色城市建设的知识和技能。教师需要不断提升自己的专业素养和教学能力，为学生提供更加丰富和多样化的学习体验。学校和教育机构也应该加大对项目驱动式教学的支持力度，提供必要的资源和条件，确保这一创新教育方法可以有效实施。

# 四、项目驱动式教学方法在绿色城市建设课堂中的反馈与改进

在绿色城市建设教学中，项目驱动式教学方法凭借其实践性和协同能力逐渐

受到青睐。然而，仅仅引入这一教学方法并不能确保教育成效的达成，关键在于课堂中如何反馈与改进。课堂反馈与改进，可以优化学生的学习体验、提升教学质量，使项目驱动式教学方法在绿色城市建设教学中的应用更为有效和深化。

项目驱动式教学的反馈环节在教学中占据关键地位。它不仅仅是对学生完成项目的评价，更是对教学过程的全方位审视。通过课堂反馈，教师可以及时了解学生的学习进度、知识掌握情况和实际操作能力。在项目进行中，教师通过阶段性的评估和反馈，不断纠正学生的错误，提供指导和建议。这种动态的反馈机制不仅帮助学生更好地理解了教学内容，也促使他们在项目中发展了批判性思维和解决实际问题的能力。例如，在一个城市绿化项目中，学生需要设计一个环保的绿化方案。教师可以通过中期评估，发现学生在选用植被种类和排水系统设计上存在的问题，及时给予纠正和指导，从而确保项目的科学性和可行性。

此外，学生的自我反馈和同伴反馈在项目驱动式教学中也占有重要地位。通过点评与反思，学生不仅总结自己的学习成果，还可以学习他人的优秀做法，从而提升自身的项目执行能力。在绿色城市建设课堂中，每个小组在完成项目后进行展示，其他同学和教师进行点评与反馈。这种方式不仅提高了学生的参与感和成就感，也促使他们进行深刻的自我反思。通过这种平等的交流，学生能够看到自己在项目设计和执行中的不足，从而在下一次项目中更加游刃有余。

反馈过程不仅仅限于学生和教师之间，也包括教学内容和方法的双向调适。教师根据学生的反馈，及时调整教学内容和方法。例如，如果绝大多数学生在一个阶段内对某一知识点感到困惑，教师应当迅速反思并调整该部分的教学策略，可能增加更多的实际案例或操作演示，直至学生能够完全理解和掌握。这种灵活性和适应性是项目驱动式教学的重要特点，有助于实现教学目标的多样化和个性化。

在项目驱动式教学实施过程中，还应当充分利用现代的信息技术手段，提升反馈和改进的效率。通过在线平台和工具，教师可以更高效地收集、分析学生的学习数据和反馈意见，并据此对课堂进行实时调整。在绿色城市建设教学中，教师可以利用地理信息系统（GIS）、计算机辅助设计（CAD）软件等工具，帮助学生在虚拟环境中进行项目模拟和设计，通过在线讨论区、作业提交平台和数据分析工具，教师能迅速掌握学生的学习动态，及时提供反馈和指导。

在反馈与改进过程中，教师的角色不仅是知识的传授者，更是学生学习的引导者和合作者。教师需要具备敏锐的观察力和判断力，及时发现学生在项目执行中的困难和问题，通过有效的沟通和辅导，帮助学生克服困难，提升他们的项目执行能力和团队协作能力。通过积极的师生互动和合作，学生能够在实际项目中积累宝贵的经验和技能，使其在未来的职业生涯中更加具有竞争力。

改进环节在项目驱动式教学中的意义不容忽视。通过反馈环节发现的问题，教师需要对项目进行及时的调整和完善。完善的过程不仅是对原内容的修改和补充，更是基于原内容进行的优化和创新。例如，在一个绿色建筑设计项目中，如果发现多数学生在能源管理系统的设计上存在普遍性错误，教师应当重新审视这一模块的教学内容，或许是需要增加实际案例的解析，或许是需要更详细地讲解设计原理，并联合行业专家进行专题讲座。这种改进措施，不仅提升了教学内容的深度和广度，也使学生能够触类旁通，提升其工程实际能力和创新能力。

改进不应限于教学内容，也应覆盖到教学方法和手段。针对不同阶段、不同基础的学生，采用多样化的教学策略和方法。例如，对具有一定实践经验的学生，可以更多地采用研讨式和探究式教学方法，提升他们的深度学习和自主学习能力；对初学者，则应注重基础知识的讲解和实际操作能力的培养，逐步引导他们参与更为复杂的项目。在绿色城市建设教学中，不同年级的学生接受和参与的项目难度和类型也应有所区分，量身定制的项目设计和实施方案可以极大地提升教学效果。

项目驱动式教学方法在绿色城市建设课堂中的反馈与改进，是一个动态、循环、持续优化的过程。通过不断的反馈，教师能够精准把握学生的学习情况和项目执行能力，从而进行有效的调整和改进，不断提升教学质量和效果。这个过程不仅有助于学生掌握更丰富的知识和更扎实的技能，也培养了他们团队协作、创新思维和解决实际问题的能力，使其在未来的绿色城市建设中能够担起重任，也为社会培养出更多具有综合素质和实际操作能力的优秀人才。

# 第二节　问题导向式教学法在绿色城市建设教学中的实践

## 一、问题导向式教学法基本概念

问题导向式教学法（Problem-Based Learning，PBL）是一种以问题为驱动，以学生为中心的教学方法。这种教学法强调通过引导学生发现和解决现实问题来促进他们对知识和能力的掌握。其本质在于通过真实、复杂的情境问题，激发学生的学习兴趣和动机，培养学生的批判性思维、解决问题的能力以及自主学习的能力。

在绿色城市建设教学中，问题导向式教学法尤其适用。绿色城市建设本身是一个多学科交叉、复杂性极高的问题领域，涉及环境科学、城市规划、建筑设计、生态学、经济学和社会学等多个学科。因此，这一领域的教学需要一种能够整合多学科知识，培养学生综合运用跨学科知识解决实际问题的教学方法。问题导向式教学法通过设定复杂的、真实的问题情境，鼓励学生在问题解决的过程中自主学习、合作学习，逐步掌握相关的理论知识和技能，最终提高学生的综合素质。

问题导向式教学法的基本概念可以从以下几个方面详细阐述。

第一，问题导向式教学法注重问题情境的设计。问题情境是这一教学法的核心，教师需要结合教学内容和学生的实际情况，设计出具有挑战性、开放性的问题情境。这些问题应该贴近现实生活，并且具有一定的复杂性和多样性，能够引发学生的思考和探究。例如，在绿色城市建设的教学中，教师可以设计一个关于如何改造某一老旧社区以达到绿色城市建设标准的综合项目，让学生在完成项目的过程中自主探究、实践操作，从中学习到相关的理论知识和实践技能。

第二，问题导向式教学法强调学生的自主学习和合作学习。问题导向式教学法中，学生不再是被动的知识接受者，而是积极的知识建构者。他们需要在教师的引导下，通过自主探究和团队合作，寻找解决问题的方法和途径。在这个过程中，学生不仅要查阅文献、收集数据、分析问题，还要与团队成员进行充分的交流，分工合作，共同完成任务。这种学习方式能够极大地激发学生的学习兴趣和主动性，增强他们的团队合作意识和解决问题的能力。

第三，问题导向式教学法注重学习过程的评价与反馈。在问题导向式教学法中，学习过程的评价是至关重要的。教师需要在教学过程中及时关注学生的学习进展，并给予反馈和指导，帮助学生总结经验，发现问题，改进方法。同时，学生之间也可以互评，通过互评和反思，进一步提高学习效果。在绿色城市建设的教学中，教师可以通过组织学生进行定期的汇报展示，让学生展示自己在项目中的学习成果，并进行互评。通过这样的评价和反馈，学生可以更好地认识自己的优缺点，不断改进自己的学习方法和策略。

第四，问题导向式教学法还重视知识的整合与应用。在问题导向式教学法中，知识不是孤立的、分散的，而是一个有机的整体。学生在解决问题的过程中，必须将不同学科的知识进行整合和应用，才能找到合适的解决方案。这种知识的整合与应用，有助于学生形成系统的知识体系，提升他们的综合素质。在绿色城市建设的教学中，学生只有综合运用环境科学、城市规划、建筑设计等多方面的知识，才能设计出符合绿色城市建设标准的解决方案。通过这样的学习过程，学生不仅能够掌握各学科的基本理论和方法，还能够学会将这些知识灵活应用于实际问题中。

第五，问题导向式教学法注重培养学生的创新意识和批判性思维。在问题导向式教学法中，学生需要面对的是复杂多变的现实问题，这些问题往往没有标准答案，需要学生运用创新思维和批判性思维进行探索和解决。学生需要不断提出问题、质疑假设、验证结论，从中培养自己的创新意识和批判性思维。在绿色城市建设的教学中，教师可以鼓励学生提出新的绿色城市建设理念和技术，学生通过不断的探索和实践，培养他们的创新能力和批判性思维。

# 二、绿色城市建设课程中的问题设计

问题导向式教学法在绿色城市建设教学中的实践，对于提高学生解决实际问题的能力具有重要意义。而在这一过程中，绿色城市建设课程中的问题设计是关键一步，这不仅决定了教学的质量和效果，还影响到学生的学习积极性和深入理解能力。在进行问题设计时，需要综合考虑绿色城市建设领域的多样性和复杂性，选择具有代表性、典型性和实际意义的问题，确保问题能引导学生深入探讨和实践。

绿色城市建设涵盖了从城市规划、建筑设计、能源利用，到交通管理、废弃物处置和生态保护等多个层面，因此问题设计必须综合考虑这些方面。从具体的设计原则出发，问题应具有挑战性，能够激发学生的思考和探索欲望。一个好的问题通常具有多解性和开放性，能够鼓励学生从不同角度进行分析和解决。例如，可以设计一个关于如何优化城市绿地分布和面积的问题，要求学生综合考虑城市人口密度、土地利用现状、生态平衡等多种因素，提出具体的规划方案。

问题设计还需要贴近实际，以真实的、具有代表性的案例作为背景，学生在解决问题时能够感受到真实世界的复杂性和多变性。例如，可以选择城市中存在的雨水管理问题，要求学生在分析现有排水系统的基础上，提出合适的雨水收集和利用策略，在解决实际问题的同时，体现绿色环保理念。此外，还可以借助城市规划中的改建和扩建项目，让学生参与到实际项目的分析和规划中，从中发现问题并提出解决方案。

互动性也是问题设计中的一个重要方面。通过小组讨论、头脑风暴和角色扮演等方式，可以增强学生间的互动，促进他们通过团队合作找到优化方案。在这个过程中，教师可以引导学生进行跨学科的思考，结合工程学、环境科学、社会学等多个学科的知识，从多个维度分析问题。例如，在设计一个关于城市垃圾分类和处理的问题时，鼓励学生从政策制定、居民教育和实际操作等方面进行深入探讨，并提出综合性的解决方案。

在问题设计中，还要注重学生的实践能力培养。绿色城市建设不仅需要理论支持，更需要实践验证，所以在问题中要设置实践环节，让学生在实际操作中验证自己的方案。在这个过程中，实验、调研和数据分析是不可或缺的部分。教师可以指导学生通过实地考察、现场测量和数据收集，获得第一手资料，然后进行分析和总结，形成系统的报告和方案。例如，设计一个关于城市热岛效应缓解措施的问题，要求学生进行实际的城市温度监测，通过数据分析找出热岛效应的主要原因，并提出针对性的缓解措施。

评价机制的设置也是问题设计中不可忽视的一环。针对每一个问题，教师都需要设计科学、合理的评价标准，以确保对学生的学习效果进行准确评估。这些评价标准不仅包括解决方案的创新性和可行性，还应包括学生在解决问题过程中的参与度、合作能力和综合素质。例如，在评价一个关于公共交通系统优化的课题时，不仅要看学生提出的优化方案是否科学合理，还要看他们在研究过程中是否进行了充分的资料收集、数据分析和团队合作。

通过精心设计的问题，可以有效提升学生在绿色城市建设中的实际操作能力和创新思维。在解决一个个具体问题的过程中，学生不仅掌握了理论知识，更重要的是培养了独立思考、团队合作、创新实践等多方面的能力。这种教育方式不仅有助于实现教学目标，还能激发学生的学习兴趣和积极性，为他们将来的实际工作打下坚实的基础。

## 三、问题导向式教学法的实施过程

问题导向式教学法是一种以学生为中心的教学方法，为了更好地理解和应用这种教学方法，有必要详细探讨其实施过程。

第一，确定问题情境是问题导向式教学法的关键步骤之一。在绿色城市建设教学中，问题情境的选择应当紧密结合实际城市建设中的绿色发展需求与挑战。例如，城市废弃物管理、水资源利用、能源消耗优化等问题都可以作为教学中的情境问题。合适的问题情境不仅能吸引学生的注意力，还能激发他们探讨解决方法的积极性。教师应选择与课程内容相关且有实际意义的问题，通过这一方法，学生可以了解到绿色城市建设的复杂性以及解决这些问题的重要性。

第二，构建团队合作环境是问题导向式教学法的重要环节之一。在实施过程中，学校和教师需要将学生分成若干小组，每个小组在特定问题的引导下开展学习活动。通过团队合作，学生可以互相交流意见，分享资源和信息，彼此启发，共同完成问题的解决方案。这种合作学习不仅能加强学生之间的互动、增强其团队意识，还能培养他们的沟通能力和协调能力。此外，团队合作还为学生提供了一个从不同视角看待和解决问题的机会，可以促使学生发现更多潜在的解决方案。

第三，设计教学活动是问题导向式教学法实施过程中的核心环节。教师需要设计一系列的教学活动，帮助学生循序渐进地理解和解决问题。比如，针对一个绿色城市建设中的特定问题，教师可以安排相关的文献阅读、调查研究、数据分析、案例分析等活动，通过这些活动，学生可以积累相关理论知识和实践经验。教师还可以指导学生进行实地考察、实验研究等，将课堂知识应用于实际，增加学习的趣味性和实用性。

第四，在问题导向式教学法的实施过程中，教师的角色非常重要。教师不仅是知识的传授者，还应是学生学习的引导者和支持者。在教学活动中，教师需要密切关注学生的学习进展，及时给予指导和反馈。同时，教师还需要鼓励学生大胆提出问题，积极探索解决方法。教师应通过启发式、探究式的教学手段，激励学生思考和创新。教师还要注意因材施教，根据学生的个性差异和学习需求，提供适当的帮助和支持，帮助学生克服学习中的困难。

第五，评估与反馈是问题导向式教学法中的重要环节。在绿色城市建设教学中，对于学生解决问题能力的评估应该多元化。教师可以采用表现评估、过程评估等方式，通过观察学生在解决问题过程中的表现，评估他们在知识运用、团队合作、创新思维等方面的能力。此外，教师还应注重反馈，通过详细的评估报告和个性化的反馈意见，帮助学生了解自己的不足，明确改进方向，进一步提升学习效果。

具体来看，评估工具可以包括项目报告、口头陈述、问题解决方案展示等多种形式。项目报告能全面展示学生对问题的认识和解决过程，口头陈述则能考查学生的表达能力和思维逻辑。解决方案展示能够具体反映学生的创新思维和实际操作能力。评估标准应体现绿色城市建设教学的专业性和实践性，既要注重学术理论的掌握，又要注重实践技能的应用。

在问题导向式教学法的实施过程中，技术工具的运用也不可忽视。现代信息技术的发展为问题导向式教学提供了强有力的支持。教师可以借助电子学习平台、虚拟实验室、数据分析软件等技术工具，丰富教学形式，提升教学效果。电子学习平台可以提供丰富的学习资源和交流空间，帮助学生开展自主学习和团队合作；虚拟实验室可以模拟实际的城市建设环境，使学生能够进行真实的实验操作和数据分析；数据分析软件则可以提升学生对复杂问题的分析能力和决策能力。

为了确保问题导向式教学法的有效实施，学校和教师还需不断总结经验、反思教学过程，根据实际情况进行调整和改进。比如，通过教学研讨会、教师培训等方式，可以提升教师的教学技能和专业素养，推动教学模式的创新和发展。同时，学校还应搭建完善的教学支持系统，包括教学资源库、技术支持团队等，为教师和学生提供全面的帮助和支持，促进教学效果的持续提升。

通过问题导向式教学法的实施，绿色城市建设教学可以更好地实现理论与实践的结合，提升学生解决实际问题的能力，培养他们成为具备创新精神和实践能力的高素质人才。这种教学方法不仅改变了传统的教学模式，更为绿色城市建设领域的人才培养提供了新的思路和方法。

## 四、问题导向式教学法的优势与挑战

在绿色城市建设这一具有高度综合性和实践性的领域，问题导向式教学法具有显著的优势，但也存在一些挑战。

首先，问题导向式教学法能够显著提高学生的主动学习能力。传统教学模式通常是教师单向传授知识，学生被动接受信息。然而，绿色城市建设涉及复杂的生态、经济、社会等多重因素，需要学生具备较强的跨学科综合能力和积极自主的学习态度。问题导向式教学法要求学生主动探究问题背景、挖掘知识点、提出解决方案。通过这种方式，学生不仅能够更深入地理解知识，还能培养出自我学习的能力。例如，面对绿色城市中的能源利用效率提高问题，学生需要调研现有的能源利用现状、分析问题产生的原因、研究相关的技术手段，并最终提出优化建议。

其次，问题导向式教学法有助于提高学生的批判性思维和创新能力。在绿色城市建设中，创新是解决复杂问题和实现可持续发展的关键。通过问题导向的方式，学生需要对问题进行分析和评估，从而产生不同的解决思路和方法。例如，在处理城市废弃物管理问题时，学生需要考虑垃圾分类、资源回收利用以及废弃物处理技术等多个方面的内容，并在此过程中对现有方案进行批判性思考与评估。这样的学习方式能够全面激发学生的创新思维，培养他们从多角度、多层次考虑问题的能力。

最后，问题导向式教学法极大地提升了学生团队合作和沟通交流的能力。在解决复杂问题的过程中，往往需要综合各类专业知识，并通过团队合作来进行多角度的分析和讨论。例如，绿色城市的水资源管理问题，需要水利工程师、环境科学家以及社会学者等的共同参与，这些不同背景的学生需要组建团队，通过讨论交流达成共识，提出务实有效的解决方案。团队合作不仅能够增强学生的沟通与协作能力，还能增加他们的责任感和团队意识。

尽管问题导向式教学法具有诸多优势，但其在实际应用中也面临一定的挑战。

首先，教师在设计和组织问题时需要有很高的专业素养和教学技能。不同于传统的知识传授，问题导向式教学需要教师全面了解学生的学习需求和背景知识水平，选择合适的问题情景，设计问题的难度和广度。这不仅需要教师具备深厚的专业知识，还需要有较强的组织和引导能力。

其次，问题导向式教学法对教学资源提出了更高的要求。为了更好地实现问题导向学习，会涉及丰富的实践资源和多样化的学习材料，包括实验设备、研究数据库、相关文献等。在绿色城市建设领域，这些资源的获取和配置难度较大，部分高校可能由于经费和设施限制难以完全满足问题导向式教学的需求。

再次，评价体系的合理性也是问题导向式教学法的一大挑战。在传统教学中，学生成绩通常通过单一的考试成绩来评价。然而，问题导向式教学法强调学生综合能力的培养，需要多维度的评价体系。如何设计科学合理的评价标准，既能够客观反映学生的学习效果，又能够激发学生的学习兴趣和积极性，是需要精心设计并不断完善的一个问题。

最后，学生适应问题导向式教学法的过程也存在挑战。部分学生习惯了传统的授课模式，在面对复杂的开放性问题时可能会感到困惑，难以独立完成任务。尤其在绿色城市建设这样的高难度学科中，学生可能会因为知识储备不足或逻辑思维能力不强，而学习压力较大。因此，如何引导学生逐步适应这种学习模式，在启发学生思考的同时也给予他们必要的指导和支持，是实现问题导向式教学法的关键。

## 五、案例分享：问题导向式教学法在绿色城市建设教学中的成功实践

问题导向式教学法是一种通过提出问题来引导学生积极思考、探索和解决问题的教学方式。通过问题导向式教学法，教师可以让学生深入了解绿色城市建设的基本原则和关键问题。教师可以设计一系列的现实问题，例如城市绿化规划、水资源管理、低碳交通系统建设等，这些问题不仅具有实际意义，而且复杂且多样，能够全面锻炼学生的综合素质。在实际教学过程中，教师会通过引导学生提出问题、研究问题和解决问题，使学生在不断的探索和实践中掌握相关知识和技能。通过这样的方式，学生不仅对绿色城市建设有了系统的了解，更重要的是培养了他们独立思考和创新的能力。

在一个实际的教学案例中，一名教师设计了一个模拟城市的绿色改造项目。学生被分成若干小组，每组负责一个特定的任务，例如建筑能效优化、城市绿地设计、废弃物管理等。首先，学生需要进行广泛的文献阅读和调研，了解现有绿色城市建设的理论和实践。在此过程中，他们会面临各种问题，例如，如何平衡城市发展与生态保护之间的关系，如何在不增加成本的前提下提升能效等。这些问题的提出促使学生深入思考和讨论，并从多角度寻找解决方案。通过小组合作和讨论，不同观点的碰撞和融合，可以激发创意，找到更为科学和创新的解决路径。

其次，在解决实际问题的过程中，学生还需要进行大量的数据分析和模拟实验。例如，在优化建筑能效时，学生需要收集并分析不同建筑材料的热传导性、节能性等数据，运用模拟软件进行建筑能效的模拟与分析，并通过实验室测试来验证其结果。通过这些实际的操作和分析过程，学生不仅掌握了相关的技术方

法，还锻炼了他们的实践动手能力和问题解决能力。

最后，问题导向式教学法还强调学生的反思和总结。在完成任务后，学生需要对整个项目的进程进行反思，总结经验教训，并提出改进建议。在这个过程中，教师可以组织学生进行小组汇报和全班讨论，通过互相交流和反馈，不断完善自己的方案和思路。这种反思和总结不仅能够深化学生对知识和技能的掌握，还能够培养他们的批判性思维和持续改进的意识。

比如，另一名教师在教授绿色城市交通系统课程时，同样应用了问题导向式教学法。教师提出了一个现实存在的问题：如何在一个中等规模的城市中设计一个高效且环保的公共交通系统。学生需要先了解城市现有的交通状况，包括交通流量、交通工具的使用率和燃油消耗情况等。然后，他们需要借助已有的绿色交通理论和技术手段，提出具体的解决方案，例如推广电动车、优化公交线路、建设自行车道等。

在此过程中，学生通过团队合作，进行实地调查、数据分析和模拟实验等一系列实践活动，逐步形成了绿色交通系统的设计方案。教师在整个过程中扮演着引导者和支持者的角色，通过与学生的互动，帮助他们发现问题、分析问题，并引导他们自主解决问题。这种互动不仅提升了学生的学习自主性和积极性，还提高了他们的实践能力和团队合作能力。

# 第三节　翻转课堂教学法在绿色城市建设教学中的应用效果评估

## 一、翻转课堂教学法概述

翻转课堂（Flipped Classroom）教学法作为一种创新的教学模式，在教学实践中引发了广泛的关注和应用。翻转课堂教学法的核心理念是将传统教学过程中的教学环节进行颠倒，以提高学生的学习效果和自主学习能力，促进深度学习。在绿色城市建设教学中，引入翻转课堂教学法，不仅可以激发学生的学习兴趣，还能提升他们对绿色城市建设理论和实践的理解与应用能力。

翻转课堂教学法将传统课堂教学模式中的"教"与"学"进行了反转。在传统的课堂教学中，教师是知识的传授者，课堂上的主要活动是教师讲授知识，学生在课后通过练习巩固所学内容。而在翻转课堂中，知识的传授环节被安排在课前，学生通过线上学习平台、自主学习视频、阅读资料等方式在课前学习理论知识，课堂时间则用于师生互动、问题讨论、案例分析和实践操作等更为深度和互动的学习活动。这种教学模式注重学生的自主学习能力培养和课堂参与度，提高了教学的有效性。

在绿色城市建设教学中，翻转课堂教学法可以为学生提供更加丰富的学习资源和灵活的学习时间。学生可以在自己的节奏下，通过观看教师制作的讲解视频或阅读相关资料来理解绿色城市建设的基本概念和原理，这样的自主学习过程有助于学生深度思考，并可以在课前准备好问题和见解。在课堂上，教师可以组织学生进行小组讨论、案例分析、项目设计等活动，通过实际问题的探讨和解决，增强学生对绿色城市建设理论的理解能力和实践能力。此外，教师还可以利用课堂时间针对学生在课前学习中遇到的难点进行有针对性的讲解和辅导，提高学生的学习效果。

翻转课堂教学法在绿色城市建设教学中的应用效果得到了多方面的验证。首先，学生的学习积极性显著提高。通过课前自主学习，学生能够掌握基础知识，从而带着问题和需求进入课堂，课堂学习的针对性和互动性大大增强。学生在课堂上能够更加主动地参与讨论和实践活动，提升了学习的深度和广度。其次，课堂时间得到了更为高效的利用。由于知识传授环节被移至课前，课堂时间可以被充分用来讨论、实践和反馈，从而有效促进学生对知识的内化和应用。学生在这个过程中不仅是知识的接收者，更成为了知识的建构者，培养了创新思维和实践能力。

此外，翻转课堂教学法还能够增强师生之间的互动与交流。在传统课堂上，师生之间的互动往往有限，教师更多地扮演着单向传授知识的角色，而在翻转课堂中，教师可以通过对学生课前学习情况的了解，有针对性地组织课堂活动，提供个性化的指导和帮助。师生之间的交流不仅限于知识的传授，还包括了思想的碰撞和经验的分享，这种互动有助于建立更为密切的师生关系，也为教学相长提供了良好的平台。

翻转课堂教学法的实施需要一些必要的条件和配套措施。首先，教师需要具备较高的信息化教学素养，能够制作高质量的教学视频和资料，并熟练使用学习管理平台来布置和跟进学生的课前学习情况。其次，学生需要具备良好的自主学习能力和时间管理能力，能够在课前认真进行知识学习和准备。再次，学校和教育管理部门需要提供相应的技术支持和资源保障，建设完善的线上学习平台和丰富的教学资源库。最后，翻转课堂教学法的评价体系也需要进行相应的调整，从单一的知识测试转向包括过程性评价、学习态度和参与度评价等在内的多元化评价体系，以全面反映学生的学习效果和成长。

面对绿色城市建设这一综合性、实践性较强的学科，翻转课堂教学法的应用具有重要意义。它不仅改变了传统教学模式的固有弊端，调动了学生的学习积极性和自主性，使得教学过程更为高效、互动和个性化，同时也为学生深入理解和掌握绿色城市建设理论与实践提供了有力的支持。在具体的教学设计和实施中，教师应不断探索和优化翻转课堂教学法的应用策略，根据不同教学内容和学生特点，选择合适的教学活动和评价方式，不断提高教学效果，为培养具备创新思维和实践能力的绿色城市建设人才做出积极贡献。

## 二、绿色城市建设课程中的翻转课堂设计

绿色城市建设课程因其多学科交叉、概念复杂及应用实践性强的特点，更是翻转课堂教学法的理想应用领域。在绿色城市建设课程中，翻转课堂设计需要综合考虑课程内容、教学目标、学生参与以及评估方式等诸多方面，以最大限度地提高学生的学习效果和实践能力。

在翻转课堂的设计中，需要明确课程的教学目标。绿色城市建设课程旨在培养学生对于可持续发展理念的理解和实践能力，希望学生能够掌握绿色建筑

技术、城市规划、环境保护等多方面的知识，同时具备解决实际问题的能力。因此，翻转课堂的设计应围绕这些目标展开，重点培养学生的自主学习能力、团队合作能力和批判性思维。

视频讲解通常是翻转课堂中的主要知识传递方式之一。为了使学生能在课前做好准备，课程设计者可以录制一系列涵盖城市生态系统、绿色建筑设计、能源管理和城市规划等核心内容的教学视频。这些视频应尽可能简明扼要，同时提供丰富的实际案例分析，使学生能够将理论知识与实际应用结合起来。通过观看这些视频，学生能够自主安排学习时间，并在课前对基本概念和理论有一个初步的了解。

除了视频内容，课前阅读材料也是翻转课堂设计的重要组成部分。设计者应选择一些具有前瞻性和实践性的文献或案例分析，帮助学生深入了解当前绿色城市建设领域的发展方向和最新技术应用。通过阅读这些材料，学生不仅能丰富理论知识，还能培养其思考和分析复杂问题的能力。这些材料也应配有相关的问题或讨论引导，使学生能在自主学习过程中积极思考，并为课堂讨论做好准备。

课堂活动是翻转课堂的核心环节。在绿色城市建设课程中，课堂活动应重视互动性和实践性，以最大限度地激发学生的学习兴趣和主动性。教师可以设计多种形式的互动环节，如小组讨论、案例分析、角色扮演和模拟实验等。特别是通过实际项目和仿真环境，学生在课程中亲自参与绿色城市发展的设计和规划，将理论知识应用到实际操作中，进一步加深对知识的理解和掌握。

例如，老师可以组织学生分组进行城市规划模拟，每组学生负责规划某一城市区域的绿色建设方案。学生需要综合考虑能源利用、水资源管理、交通规划、建筑设计等多方面因素，并最终提出一个可行性的绿色城市建设方案。这个过程不仅要求学生应用所学知识，还需要他们进行团队合作、资源整合和创新思考，从而全面提升实践能力和综合素质。

评估在翻转课堂设计中同样占据重要地位。在传统的教学模式中，评估往往以期末考试的形式进行，只关注学生对知识点的记忆和掌握。而在翻转课堂中，评估应更加多样化和综合化，不仅关注学生对知识的掌握，更看重学生在应用、分析和创造性方面的表现。评估方式可以包括课堂参与度、小组项目完成情况、案例分析报告、个人反思日志以及阶段性测验等，通过多元化的评估手段全面衡量学生的学习效果和能力提升。

在翻转课堂的设计和实施过程中，教师的角色也会发生转变。教师不再是知识的唯一传授者，而是学习的引导者和促进者。教师需要密切关注学生的学习动态，及时提供反馈和指导，帮助学生解决学习中的疑问和困难。同时，教师还需不断反思和改进教学方法，根据学生的反馈和学习效果调整课程设计，以确保翻转课堂的有效性和持续改进。

## 三、翻转课堂教学法的实施与步骤

在实施翻转课堂教学法时，课程设计是其成功的基础。教师首先需要对整个课程进行精心的规划，明确学习目标，并设计与此匹配的学习内容和考核标准。对于绿色城市建设这一学科，教师应选取核心概念和实践案例，制作有针对性的教学视频、课件和补充材料，这些材料需要做到语言简明、条理清晰，并涵盖实际应用中的典型问题。学生通过自学这些课前材料，能够在入课堂前对基本理论和方法有初步了解，为后续课堂活动的展开打下基础。

在课前自学环节，教师应提供多渠道、多形式的学习资源，包括视频讲解、学术论文、项目报告、案例分析等。这不仅增加了知识的广度，也拓宽了学生的视野。例如，绿色城市建设涉及可持续发展、环境保护、资源管理等多方面内容，教师可通过提供不同类型和层次的学习材料，帮助学生全方位理解这一领域的复杂性和挑战。同时，教师还可以利用线上讨论平台，让学生在自学过程中随时提出问题并互相解答，形成开放的学习氛围。

课堂活动的设计与组织是翻转课堂教学法的核心。在翻转课堂的课堂环节，教师应更多扮演引导者和组织者的角色，通过设计多种互动活动，学生在课堂上能够积极参与、探讨并实践所学知识。对于绿色城市建设教学，教师可以组织多样化的课堂活动，如讨论会、模拟谈判、角色扮演、小组项目等，通过这些互动形式，可以增强学生对所学内容的应用能力和实际操作能力。例如，教师可以以某一实际城市建设项目为背景，要求学生分组讨论该项目在环境保护、资源利用、社区参与等方面的具体设计方案，并进行角色扮演，模拟市政规划的研讨会，这不仅提高了课堂的趣味性，也培养了学生解决实际问题的能力。

在互动活动中，教师还需注意对学生的引导和支持。通过课堂上的互动，教师可以及时了解学生的学习状态和理解情况，针对性地进行指导和补充讲解。例如，在绿色城市建设中，某些专业术语或复杂流程可能对学生来说理解难度较大，教师可以根据课堂反馈，进行细致的解释和深入的讨论，帮助学生攻克学习中的难点。同时，教师也可以利用课堂上的实际案例分析法，通过对具体案例的剖析，带领学生进一步巩固和深化理论知识，提升他们的实战能力。

考核与评估是翻转课堂教学法中不可或缺的一环。在翻转课堂教学模式下，考核不仅应注重知识掌握的准确性，还应评估学生在课程中的主动性、参与度和合作能力。为此，教师可以采用多元评价体系，包括课前自学的学习笔记、课堂活动中的表现、小组合作项目的完成情况、期末报告等多方面内容，通过多角度的评估，全面反映学生的学习效果和综合能力。

例如，教师可设计一个学期末项目，让学生就某一绿色城市建设的真实案例，结合课堂所学和自学成果，完成一份完整的项目策划方案。这一过程不仅考查学生对于理论知识的掌握程度，还需要他们进行实地考察、数据收集、分析以及团队合作，最终形成一个具备实用价值的方案，通过这一综合性的任务，能够更精准地评估学生的实际应用能力和创新思维。

通过上述步骤，翻转课堂教学法在绿色城市建设教学中的实施，不仅增强了学生的自主学习能力和课堂参与感，也提高了教学效果和效率。翻转课堂不仅是一种教学方法的革新，更是一种教育理念的进步，其核心在于以学生为中心，激发学生的学习兴趣和潜力，使他们在知识学习和技能培养中得到全面发展，这对于培养新时代所需的复合型人才具有重要意义。在绿色城市建设这一学科中，翻转课堂教学法的应用，为学生提供了更多的实践机会和讨论机会，提升了他们解决实际问题的能力和创新思维，对于推动这一领域的教育进步和专业人才培养也起到了积极的促进作用。

# 四、学生在翻转课堂中的角色与参与度

在绿色城市建设教学中，翻转课堂不仅对学生的角色进行了重新定位，还更加注重其在学习过程中的参与度。这一模式的显著特点在于它将学生置于学习的中心位置，提高了学生在学习过程中的自主性和积极性。

在翻转课堂中，学生被赋予了更大的学习责任和自由，他们不再是被动的信息接收者，而是主动的信息探索者和知识建构者。在课前，学生需要自主学习教师提供的学习材料，这些材料可能包括讲解的视频、学术文章、案例研究以及相关的参考书目。这一自主学习阶段赋予了学生高度的自主权，使他们可以根据自己的节奏进行学习，选择适合自己的学习方法和时间安排，为他们后续的课堂活动打下了坚实的基础。

在课堂内，学生的角色从单纯的听众转变为讨论的参与者和知识的共享者。在教师引导下，学生通过小组讨论、问题回答、案例分析等活动，促进了知识的内化和理解。在此过程中，学生需要展示他们前期自主学习的成果，通过互动和交流使自己的理解更加深入。这样一种教学模式不仅提高了学生的参与度，还可以培养他们的团队合作能力、沟通表达能力以及批判性思维。

对于绿色城市建设这一学科，翻转课堂中的学生角色更加具有其独特性和重要性。这一学科涉及环境保护、城市规划、资源管理等多学科的交叉融合，要求学生不仅应具备丰富的理论知识，还需将理论应用于实际问题的解决。通过翻转课堂，学生能够更好地理解和应用不同学科的知识，培养解决复杂问题的能力。例如，在学习某一节关于绿色建筑的内容时，学生可以在课前通过案例研究了解相关理论和实际应用，在课堂讨论中，根据自己独立思考得出的结论与观点，与同学们进行交流和讨论，从而进一步加深对绿色建筑的理解。

此外，翻转课堂的教学模式也使教学评价更加多元化和全面。传统的考试和作业评估往往只注重学生对知识点的记忆与再现，而忽视了学生在学习过程中的思维能力和创新能力。而在翻转课堂中，学生的参与度和表现成为评价的重要指标。通过课堂表现、讨论参与、解决方案的提出及其可行性等多方面，对学生的学习效果进行综合评价。这不仅有助于教师更全面地了解学生的学习状况，也能激发学生的学习动力和创新意识。

为了提高学生在翻转课堂中的参与度，教师需要设计一系列具有挑战性的、开放性的问题和任务，鼓励学生深度思考和积极参与。例如，可以将现实中的绿色城市建设问题引入课堂，学生以小组为单位，通过自主学习和课堂讨论，探讨问题的解决方案。这样的教学设计不仅能帮助学生更好地理解和运用所学知识，也能增强他们对未来实际工作的适应能力和应对能力。

在翻转课堂中，学生的反馈和反应对于教学内容和方法的调整也具有重要意义。教师需要及时收集学生的反馈意见，对教学过程进行反思和改进，以提升教学的效果和学生的学习体验。通过建立良好的师生互动沟通机制，可以帮助教师了解学生的学习需求和困难，进而进行有针对性的辅导和支持。同时，学生也能通过反馈机制，提出自己对课程内容的建议和期望，从而共同推动教学效果的提升。

在翻转课堂的学习环境中，学生的参与度不仅体现在课堂内的讨论和互动中，也表现在课堂外的持续探索和学习扩展中。教师应鼓励学生课后继续深入研究所学内容，通过阅读相关文献、参与专业讲座和研讨会等多种途径，不断拓展自己的知识广度和深度。在这一过程中，教师起到引导和支持的作用，可以为学生推荐相关学习资源，提供学习建议和研究指导。

## 五、翻转课堂教学法的评估与反馈

评估翻转课堂教学法在绿色城市建设教学中的应用效果，需要明确评估指标和维度。教学评估主要包括学生的学习效果、教师的教学效果、课堂互动情况、教学资源利用率以及学生的自主学习能力等。学习效果可以通过学生的课堂表现、作业完成情况、考试成绩等多方面来评估。通常情况下，综合考查学生在绿色城市建设相关领域的知识掌握情况、理论理解水平以及实践操作能力，是检验翻转课堂教学效果的重要手段。而教学效果则应关注教师在课堂上的引导能力、课程设计合理性、教学资源的组织与呈现等方面。

在具体评估过程中，可以采用多种方法，如量化分析、质性评估、问卷调查、访谈等。量化分析主要通过数据收集与统计，如测试分数、出勤率、课堂参与次数等，量化指标更具直观性与客观性。质性评估则侧重于通过学生学习笔记、作业反馈、课堂观察记录等资料，分析学生在翻转课堂中的学习轨迹与认知变化。问卷调查与访谈则能够收集学生和教师对课堂的主观感受和评价，借此了解教师教学策略的实施效果和学生的学习体验。

在评估过程中，应特别注意学生自主学习能力的变化。翻转课堂强调在课前让学生自主学习教学资源，如视频、文献、课件等，课中通过讨论交流深化理解，教师在课上承担更多的引导和辅导角色，而不是传统的知识传递者。评估这一变化，需要了解学生在课堂外的学习时间及效果，包括他们对教学资源的利用情况、任务完成的自主性和积极性，以及在自主学习中遇到的问题和解决问题的能力。例如，可以通过调研学生的学习日志、在线学习平台的使用记录等手段，评估其自主学习的状况和效果。

课堂互动情况的评估是翻转课堂应用效果评估的重要维度之一。翻转课堂模式下，课堂交流和互动显著增多，学生之间、师生之间的互动质量直接影响教学效果。评估课堂互动可以通过观察法记录互动的次数、质量、内容深度及学生的参与积极性，从而了解其在促进学生思维碰撞、培养合作精神和提高问题解决能力等方面的表现。此外，还可以通过学生对课堂互动的反馈来评估互动的有效性和满意度，发现学生真实的学习需求和困惑。

翻转课堂教学法的评估不可或缺的一个部分是对教学资源利用的分析与反馈。教师投入大量时间和精力准备的课前教学资源，如视频讲解、电子书、练习题等，是否能有效吸引学生，并激发其学习热情，直接影响翻转课堂的效果。评估时，可以通过学生对教学资源的访问数据、使用时间、学习反馈等多种手段来监测资源的利用率和效果。同时，合理的教学资源反馈机制对资源优化与迭代也有重要作用，教师可以根据学生反馈，不断改进和完善教学资源，更好地适应学生的学习需求。

评估与反馈还应关注翻转课堂实施过程中出现的具体问题和改进空间。学生对翻转课堂模式的适应过程、教师在引导和组织上的难点、硬件设施和技术支持的完备程度等都是评估的重要内容。通过反馈机制，教师可以及时了解学生在学习过程中遇到的困难与障碍，对教学方法进行及时调整和改进，使翻转课堂的效果最大化。

进一步地，翻转课堂在绿色城市建设教学中的应用效果评估还应包括对教学创新前后学生综合素质发展的比较。绿色城市建设作为多学科交叉的复杂领域，要求学生具备创新思维、系统思考能力和实际操作能力。通过长期跟踪学生的学习与职业发展，评估翻转课堂在培养学生综合素质方面的成效，如团队协作能力、创新精神、解决复杂问题的能力等。

## 六、翻转课堂在绿色城市建设教学中的改进与优化建议

优化翻转课堂在绿色城市建设教学中的应用，需要针对学生的特点和需求制订个性化的学习方案。在传统的教学模式中，教师是知识的单向传授者，学生则是被动接受者。然而，翻转课堂的核心理念是将"教"与"学"的角色进行翻转，让学生通过自主学习成为课堂的主体。因此，教师在设计翻转课堂的教学内容时，应充分考虑学生的学习能力、兴趣爱好和知识储备，为他们制订有针对性的学习计划。这不仅能够提高学生的学习积极性，还能大大加强他们对知识的理解和应用。

优化翻转课堂教学的一个重要方面是教学资源的合理配置。翻转课堂强调学生在课前通过在线资源进行自主学习，这就需要提供丰富且高质量的教学资源，包括视频讲解、课件、电子书、案例分析等。这些资源应当紧密围绕绿色城市建设的核心内容，涵盖实际案例和最新研究成果，以确保学生在课前阶段获得全面、系统的知识。同时，提供多种类型的学习资源，满足不同学生的学习需求和学习风格。此外，通过建立线上学习平台，学生能够方便地获取这些资源，并能够随时随地进行复习和探讨，也是提升翻转课堂效果的关键。

在实际的课堂实施中，教师的角色从知识的传授者转变为学习的引导者和顾问。教师在课堂上应更多地关注学生的学习过程和学习结果，通过互动讨论、小组合作、案例分析等方式，激发学生的主动思考和创新能力。在这一过程中，教师不仅要善于提出具有挑战性的问题和引导学生进行深度思考，还要及时了解和

回应学生的学习需求，提供个性化的指导和帮助。例如，当学生在自学过程中遇到疑难问题时，教师应及时进行辅导，帮助学生巩固和深化所学知识。通过这种方式，学生不仅能够更好地掌握绿色城市建设的相关理论和方法，还能培养其独立思考和解决问题的能力。

评估学生学习效果是翻转课堂优化过程中不可或缺的环节。传统的应试教育模式往往侧重于考试成绩，而忽视了学生综合能力的培养。相比之下，翻转课堂更注重学生的学习过程和实际应用能力。因此，在绿色城市建设教学中，应采用多元化的评估方式，通过不同维度和角度来全面衡量学生的学习效果。例如，可以结合作业完成情况、课堂参与度、小组合作成果和期末考评等多种方式，全面评价学生在知识掌握、能力培养和态度方面的表现。同时，教师应定期对评估结果进行分析和反思，根据评估结果不断调整和优化教学方案，确保教学过程和效果的持续提升。

信息化技术的应用是提升翻转课堂效果的重要一环。在绿色城市建设教学中，可以借助大数据、人工智能和虚拟现实等先进技术，打造智能化、个性化的学习环境。比如，通过大数据分析学生的学习行为和学习效果，教师可以实时跟踪和评估学生的学习进度，并根据数据提供针对性的学习指导和支持。而人工智能技术则可以应用于智能推荐系统，帮助学生自动匹配适合的学习资源和学习路径，提升学习效率和效果。虚拟现实技术则可以让学生通过沉浸式体验，深入了解绿色城市建设中的实际场景和问题，提升他们的实践能力和创新思维。

教师的专业发展和能力提升也是优化翻转课堂的重要因素。教师不仅需要具备扎实的专业知识，还需要掌握现代教学理念和方法，不断创新教学手段和策略。例如，教师应积极参与有关翻转课堂和绿色城市建设的专业培训和研讨会，借鉴国内外先进教学经验，不断丰富和更新自己的教学理念和方法。同时，教师之间应加强交流与合作，分享成功经验和教学资源，形成教学的良性互动和共同进步的局面。通过不断学习和实践，教师才能更好地掌握和应用翻转课堂，提升教学效果和学生的学习体验。

教师应鼓励学生自主学习并培养他们的批判性思维和问题解决能力。在翻转课堂中，教师可以设计开放性的问题和项目，引导学生进行自主探究和研究。通过这种方式，学生不仅能够深入理解绿色城市建设的理论和实践，还能在自主学习和研究过程中培养创新意识和实践能力。同时，教师可以建立学习共同体，鼓励学生之间进行交流和合作，共同探讨学习中的问题和心得，形成良好的学习氛围和学习共同体。

教学环境的改善和学习条件的优化也是提升翻转课堂效果的重要方面。在绿色城市建设教学中，学校应提供良好的硬件设施和学习环境，如多媒体教室、在线学习平台和实验基地等，为翻转课堂的顺利实施提供有力支持。同时，学校应鼓励和支持教师进行教学创新，提供必要的资源和保障。如设立教学创新基金，对优秀的教学实践和研究进行奖励和表彰，激发教师的教学热情和创新动力。

# 参考文献

[1] 李延明，任斌斌. 生态绿化城市建设关键技术——北京城市副中心绿化探索与实践[M]. 北京：中国林业出版社，2022.

[2] 陈荣毅，杨仕超，马燕飞，等. 岭南城市绿色建设研究与实践[M]. 北京：中国建筑工业出版社，2022.

[3] 李铮生，金云峰. 城市园林绿地规划设计原理[M]. 3版. 北京：中国建筑工业出版社，2019.

[4] 廖启鹏. 绿色基础设施与矿区再生设计[M]. 武汉：武汉大学出版社：2018.

[5] 黄勇，冯盼盼，马志杰，等. 中国绿色基础设施体系建构的兴起，发展与思考[J]. 中国园林，2023，39（7）：40-46.

[6] 张伟，张宏业，王丽娟，等. 生态城市建设评价指标体系构建的新方法：组合式动态评价法[J]. 生态学报，2014，34（16）：4766-4774.

[7] 何昭菊，陆燕勤，朱丽. 高校非常规水资源优化配置研究：以桂林理工大学雁山校区为例[J]. 轻工科技，2014，30（1）：83-84，88.

[8] 郑曦. 新公共卫生时代的健康风景园林[J]. 风景园林，2020，27（9）：6-7.

[9] 何昉. 风景园林传承创新，大鹏展翅腾飞卅年[J]. 建筑实践，2020（11）：168-175.

[10] 方创琳. 中国城市发展方针的演变调整与城市规模新格局[J]. 地理研究，2014，33（4）：674-686.

[11] 陈明星. 城市化领域的研究进展和科学问题[J]. 地理研究，2015，34（4）：614-630.

[12] 陆大道，陈明星. 关于"国家新型城镇化规划（2014—2020）"编制大背景

的几点认识[J]. 地理学报，2015，70（2）：179–185.

[13] 樊杰. 中国主体功能区划方案[J]. 地理学报，2015，70（2）：186–201.

[14] 常琳娜，高丹，周嘉. 生态城市规划的环境影响评价研究：以哈尔滨市为例 [J]. 中国农学通报，2011，27（26）：254–259.

[15] 柯孟利. 从绿色城市视角探索城市公园草坪区景观设计[J]. 鞋类工艺与设计，2023，3（21）：145–147.